# 矿产资源并购项目评价理论与方法

马建青　李德贤　编著

中南大学出版社
www.csupress.com.cn

·长沙·

# 前　言

矿产资源并购是矿业企业扩大规模、增强竞争力、产生协同效应、实现财富和价值增加的重要手段。通过矿产资源的并购整合，可以使矿山开发布局趋于合理，矿业结构不断优化，矿产资源开发利用水平不断提高，推动矿业规模化和集约化生产，延长大中型矿山企业的有效服务年限，实现经济社会的可持续发展。

矿产资源评价作为矿产资源并购中的重要环节，其评价的合理性、全面性是保证矿产资源并购项目成功的关键。目前，矿产资源评价方式主要有矿产资源竞争力评价、矿产资源联合评价和基于可持续发展观的矿产资源持续综合利用评价等。这些评价以不同的研究角度从宏观层面对矿产资源评价方法进行了阐述，由于并购项目的保密性，国内没有系统建立基于矿产资源并购项目的评价方法。本书结合金川集团股份有限公司多年的国内外矿产资源并购项目实施经验对矿产资源并购项目从评价内容到评价方法进行了系统介绍。

本书从西方投资并购理论、发展中国家并购理论研究入手，在明确矿产资源并购内在经济性目的的同时，从矿产资源并购现状、发展历程等方面介绍了矿产资源并购项目评价的必要性。在相关理论的指导下，以"资源可靠、技术可行、建设条件基本具备、风险可控、经济效益尚可"为基本原则，按照项目并购先后顺序的逻辑关系，系统梳理了矿产资源并购项目的评价流程、评价内容、评价方法、尽职调查方法、保障体系等内容。

作为矿产资源项目并购多年实践的工作结晶与提炼成果，本书以点、线、面的方式形成了一套系统而完整的并购方法论，内容翔实，方法可靠，操作性、实施性强，可以广泛应用于国内外矿产资源并购项目评价，为矿业企业实施矿产资源项目并购提供有效技术支撑，进一步控制并降低并购风险，为企业高层决策提供依据。

# 目　录

# 第1章 矿产资源并购简介

## 1.1 矿产资源并购的定义及特点

矿产资源是人类社会生存和发展的物质基础，它的用途非常广泛，是国民经济的支柱。在市场经济条件下，战略并购矿产资源是全球矿业企业优化矿业结构、合理配置资源的一个重要手段，同时也是各国矿业企业实现快速发展的重要途径。矿业企业通过矿产资源并购，实现业务规模的扩张，提高企业的经济实力，优化矿业结构，合理配置资源。矿产资源的收并购可以使矿业企业降低经营成本、实现资源及业务规模的扩张，从而提高企业的市场竞争力和经济实力，推动生态文明建设，促进经济社会可持续发展。

### 1.1.1 矿产资源并购的定义

矿产资源是指已经探明储量的、在现有技术经济条件下能开发利用的、以不同形态(气态、液态和固态)存在于地表或地下的矿物质。

从地质角度，矿产资源包括已经发现的并经工程控制的矿产以及未发现但经预测或判断可能存在的矿产。从经济技术角度，矿产资源包括在当前经济技术条件下可以利用的矿物质和可预见的将来能够利用的矿物质。

矿产资源在未实施工程勘探进入市场前是没有确定经济价值的自然资源，经过勘查后进入市场，在其自然特征的基础上具备了经济价值特性，从矿产资源转变为矿产资源资产。矿产资源资产是在社会经济运营中，经过开发利用或转让、出租矿产资源开采权，可以获取经济利益的矿产资源，也就是已经勘查的具有开发利用价值的矿物或有用元素的集合体。

并购是指兼并与收购，即 M&A（merger and acquisition）。兼并（merger）通常指"一家企业以现金、证券或其他形式购买取得其他企业的产权，使其他企业丧失法人资格或改变法人实体，并取得对这些企业决策控制权的经济行为"。收购（acquisition）是指"企业用现金、债券或股票购买另一家企业的部分或全部资产或股权，以获得该企业的控制权，该公司的法人地位并不消失"。

在实际运作中兼并与收购两者的联系远远超过其区别，兼并与收购往往作为同义词使用，统称为"并购"，泛指在现有企业制度下，一家企业通过获取其他企业的部分或者全部产权，从而取得对该企业的部分或全部控制权。

综合来看，所谓矿产资源并购，就是矿产资源项目并购双方在并购战略愿景的引导下，通过采取一系列战略措施、手段和方法，对矿产资源资产进行系统性融合和重构，进而创造和增加企业价值的过程。

## 1.1.2　矿产资源并购的特点

矿产资源作为国际战略资源，其并购的发生受市场、政策、经济的影响较大。从宏观层面即矿产资源并购项目的并购模式、并购支付方式、并购发展趋势等角度来看，矿产资源并购项目有以下特点：

（1）以股权并购为主

20 世纪 90 年代以来全球范围的矿产资源并购项目多以股权并购为主，股权并购的最大特点是回避了矿产资源类项目前期开发的风险。股权并购有控股和参股两种方式，参股形式占主导地位，如 2016 年中国第二大锂生产商江西赣锋锂业股份有限公司斥资 2715 万美元收购 Reed 工业矿产有限公司（RIM）18.1% 的股份。其次是控股形式，如 2016 年洛阳栾川钼业集团股份有限公司斥资 26.5 亿美元收购全球矿业巨头自由港麦克米伦公司（FCX）位于刚果（金）的 Tenke Fungurume 铜钴矿 56% 的股权。

（2）国内多采用现金支付，国外多采用股票互换支付

并购的支付方式有现金支付、股票支付和混合证券支付等方式。中国矿业企业对外并购项目最常采用的支付方式是现金支付，很少采用股票支付和混合支付

的方式,原因是中国的资本市场不太完善,中国矿业企业主要在 A 股市场上市,A 股市场没有国际化,企业在进行跨国并购时不能采取换股方式,而国外发达国家的矿业公司之间的并购主要采用的是股票互换的支付方式。

(3)并购多以横向并购为主,其他并购形式为补充

在全球矿产资源并购项目中横向并购占主流,主要是由于进行矿产资源并购的企业多为一些综合性矿业企业,经营范围覆盖初级的开采、中期加工以及工业制成品等。这些矿业企业在进行海外并购时多瞄准国外上市矿业公司,通过二级市场持有其一定的股份或完全将其并购。这些矿业公司多为集开采加工于一体的综合性矿业企业。如 2015 年紫金矿业集团股份有限公司斥资 28 亿美元收购澳大利亚 Iron Road 公司。

(4)跨国收并购项目数量不断增加,规模逐渐增大

在国际市场的开放程度逐步提高的同时,跨国企业面临着更多的机遇和挑战,这种机遇与挑战并存的局面,使原有的市场格局被打破,矿业企业的跨国并购成为企业占领国际市场份额的重要手段之一,也成为其提高国际市场影响力的战略举措。

从微观层面而言,矿产资源并购的发生也有与其他并购项目不同的特点,其实施过程和阶段环境复杂多变,从这一层面,矿产资源并购项目的特点可归纳为以下四点:

(1)外部环境的高度不确定性

矿产资源项目投资过程中存在很大的风险,主要体现在市场环境、政策和管理不确定性这三个方面。

市场环境不确定性具体指宏观经济环境变动、政治环境是否稳定、市场的供需是否稳定等;政策不确定性主要指政府未来颁布的产业政策对项目实施的支持度以及政府信用和补偿机制的不确定;管理不确定性具体指开发环境、技术水平、管理水平、企业变革、工作制度、资金调度、资金筹集、资金周转等不确定。

(2)投资过程的动态多样性

矿产资源投资过程是多个动态过程的组合,是不断变化并且体现多样性决策的过程,投资风险存在的时间和方式是未知的,也就无法预判会给投资者带来什么样的结果。所以,投资项目的决策更多的是要顺应风险的出现和变化,体现其动态性、灵活性和及时性的特点,项目经营者应该根据项目运行过程中产生的信息及时调整相应的投资策略,最终通过对投资项目的干预达到投资价值变动的目的。

（3）投资决策的多阶段性

矿产资源的投资成本高，且发展潜能不好预测，为了能将项目损失程度最小化，决策者通常会采取阶段性的投资策略。矿产资源投资从生产流程设计和可行性分析然后到大规模生产并产生盈利，是一个耗时比较长的过程，且项目运营过程中具有高度不确定性。因此，投资和决策都应依据具体的情况变化分阶段进行。

（4）实施过程的多专业性

矿产资源并购高度依赖矿产资源禀赋、技术、设备、人才和文化、生态环境等多方面条件，同时在明确企业并购愿景的基础上受市场和国家调控的影响。作为一个系统工程，其涉及领域多、专业性强，在实施的全流程阶段需要多部门、多专业的配合。

## 1.1.3　矿产资源并购的目的

矿产资源并购是矿业企业扩大规模、增强竞争力的重要手段。从企业的市场行为角度来说，矿产资源并购的目的就是通过并购产生的协同效应实现财富和价值的增加。从矿产资源开发整合的角度来说，通过矿产资源的并购整合，可以使矿山开发布局趋于合理，矿业结构不断优化，矿产资源开发利用水平不断提高，推动矿业规模化和集约化生产，延长大中型矿山企业的有效服务年限，实现经济社会的可持续发展。具体而言矿产资源并购项目的目的有以下几点：

（1）增加资源储备，实现企业可持续发展

矿产资源具有稀缺性、不可再生性及分布的不均衡性。依据矿产资源的特性，通过矿产资源并购，宏观上实现对矿产资源的统一规划、统一协调和严格控制，微观上实现科学开发、集中选冶和合理利用。使矿业企业沿着可持续发展的轨道健康有序地向前迈进。

（2）优化资源配置，扩大企业生产经营范围，提高市场竞争力

矿业投资具有成本高、风险高、投资金额大、开采周期长等特点。而且，随着矿产资源勘探开发利用的深入推进，深部矿、隐伏矿等新矿床发现难度在增加，相应的勘查成本也不断提高。通过矿产资源并购，可以直接控制开采技术相对成熟、资源相对丰富的企业，迅速投入并扩大生产，提高市场竞争力。

（3）扩大市场份额，提升资源控制力

近年来，许多矿业公司的资源储备，已从过去主要依靠增加投资进行资源的勘查、开发、储存等储备模式，转化为通过资本市场收购、重组等方式来扩大生产的储备模式。矿业企业通过并购，顺利实现资本、资源和技术等兼并重组，增强资源控制力。

（4）扩大经营规模，提升国际市场竞争力

在多年的矿产资源并购项目发展过程中，国外许多跨国公司凭借自身的雄厚实力，通过并购加强对全球重要矿产资源的控制。随着国际矿产资源不断向矿业巨头集聚，其对市场的控制力和影响力进一步增强。而矿业企业通过并购，可以增强企业实力，优化资产，扩大经营规模，有利于较短时间内形成具有国际竞争力的矿业企业。

## 1.2　国内外矿业企业资源并购现状

近年来全球经济政治格局动荡调整，全球经济增速放缓，国外矿业市场疲软，导致国外矿业企业并购陷入低潮；国内矿业企业在国家供给侧结构改革和"一带一路"倡议的引领下，加快了并购项目的步伐。

### 1.2.1　国外矿业企业资源并购现状

2019 年，全球整体经济在贸易保护主义及部分国家地区政权动荡冲击中，风险有所上升，国际贸易投资放缓。贸易壁垒的增加和地缘政治紧张局势的加剧，继续削弱了经济增长。全球经济发展形势日趋复杂，全球矿业仍然处于深度调整和转型中。

据《全球矿业发展报告 2019》统计，全球 2395 家上市矿业公司中，大型矿业公司数量占比不足 4%，但其市值占比近 80%。国际大型矿业公司占有全球优质资源，各矿种前十大公司生产了全球 82% 的铁矿石、60% 的铝土矿、46% 的铜矿、42% 的镍矿、96% 的铂、94% 的钯和 85% 的铀矿。根据报告统计，矿业是亚非拉等发展中国家的支柱性产业，刚果（金）、赤道几内亚、安哥拉、阿塞拜疆、哈萨克斯坦、秘鲁等 20 多个国家矿业产值与 GDP 之比超过了 20%，这些国家大力发展矿业，推动下游冶炼产业发展，全球矿产资源供应格局也正在重塑。

澳大利亚、南美洲地区是全球最重要的矿产资源供应地，随着亚洲矿产资源需求的不断增加，非洲、东南亚等国家和地区逐步成为重要矿产资源供应地，几内亚已成为全球第一大铝土矿出口国，刚果（金）成为全球第一大钴矿和第四大铜矿出口国，菲律宾、印度尼西亚成为最大镍矿出口国。目前，美国已基本实现能源独立，正加快推进关键矿产资源安全供应保障，推进全球资源治理；欧洲加强区内矿产资源开发，强化关键原材料安全供应与全球资源治理；加拿大和澳大利亚推进绿色矿业，提高矿业发展质量与效益；印度尼西亚、菲律宾、老挝、刚果（金）、坦桑尼亚、赞比亚等亚洲、非洲国家通过调整税费等政策，延伸矿业产业链，强化本土矿业权益；智利、秘鲁等拉美国家改善矿业投资环境，越发重视矿业发展。

美国纽蒙特矿业公司收购加拿大黄金公司股份，总交易价值 100.1 亿美元。澳大利亚纽克雷斯特矿业公司通过合资协议收购加拿大雷德克里斯，交易价值8.1 亿美元。但是从交易数量来看仍然低迷，交易额超过 500 万美元的并购项目数量只有 30 笔。并购交易矿种以黄金和铜为主要目标。全球矿业并购重组活动频繁显示出积极健康的基本面。

进入 21 世纪以来，全球矿业并购浪潮方兴未艾，越来越多的矿业公司通过并购项目扩大规模和市场占有份额，通过一轮又一轮的并购潮流，国外矿业行业的集中度进一步提高。多年来，国外许多大型矿业企业为了在国际矿业竞争中居于有利地位，纷纷依托矿业并购增加自身实力和国际矿业市场中的竞争力，使企业在全球矿业领域中处于垄断地位。2019 年，全球矿业逆势而行，大型兼并和并购频现，行业开始新秩序新形象的重塑，矿业并购再次成为关注的热点。但是随着中美贸易摩擦升级，全球矿业市场复苏势头减弱，全球勘查活动指数 PAI 整体下行，上市矿业公司股价回落，矿产品价格波动剧烈，初级公司融资规模萎缩，电动汽车用矿需求增加，清洁能源发展持续推进。

当前全球经济增速缓慢，尤其作为世界经济主要驱动力的新兴经济体的增速放缓，导致全球矿业面临重大调整，突出表现为全球矿业疲软，矿产品的需求、价格以及股市价格都呈现了不同程度的下降，矿产品需求也正经历结构性调整，矿业市场持续低迷，国外矿业跨境并购交易活跃度明显下降。随着资源全球化配置的不断推进，企业为更快完成发展和扩张，开始更多地在全球范围寻找合作的可能和机遇，而并购是最直接和最快的途径。尽管并购的过程充满不确定性，在经历过去几年的行业萧条后，矿业公司投资在更加注重现实和审慎决定的同时，也在逐渐恢复投资信心，并且将并购热点集中于煤炭、黄金及战略性矿产类资源，矿业企业资源并购呈现出不同于以往的特征。

（1）矿产品需求发生分异

从矿种看，全球煤炭、铁、铝、钾盐等化石能源与大宗矿产资源需求进入低速增长期，供大于求，市场关注度有所下降。清洁能源与战略性新兴矿产需求持续增长，勘查开发与并购活跃，越发受到各国重视。

（2）世界各国矿业投资环境发生分化

发达国家放松了矿产资源政策，而部分发展中国家则普遍提高了对矿产资源开发收益的诉求。美国坚定推进能源资源独立，改善国内关键矿产资源的"准入"政策，加强本土及海外关键矿产资源开发。欧盟提出加强区内矿产资源开发，强化关键矿产稳定供应。日本促进国内资源回收利用，节约替代、金属储备、强化海外资源获取能力，提升资源多元化保障能力。澳大利亚加强环境恢复治理和环境敏感区矿业活动管理。菲律宾、老挝矿业政策收紧。刚果（金）、坦桑尼亚、赞比亚等部分非洲国家增加本土矿业权益。

（3）世界大型矿业公司结构调整

2019 年以来，全球矿业受贸易保护主义和资源民族主义的双重挑战，国际矿产品价格由快速回升转为大幅下跌，全球矿业资本市场受挫。国际矿业巨头更加注重风险管控，推进战略收缩和转型发展。为应对矿业市场下行风险，必和必拓、巴里克黄金、美国自由港麦克莫兰等国际大型矿业公司逐步"回归本土"，不断剥离处于开发前期、高成本、高风险的非核心项目，聚焦禀赋好、成本低、现金流充裕的矿产项目。布局金、铜等抗周期、抗风险矿种，剥离传统矿产，加快推进业务结构优化调整。

（4）世界矿业公司重组与并购加剧

结合典型矿产资源并购案例，并购标的的选择更注重产业链的延伸、经营风险的分散及优质资源的战略储备。在国内拥有最大的钼矿床、中国最大的单体白钨矿山的螺母集团在 2019 年 7 月完成了对瑞士路易达孚金属（IXM）100% 股权的收购。美国蒙特矿业公司收购加拿大黄金公司股份总交易值 1001 亿美元。中国钼业股份有限公司出资 11.4 亿美元收购刚果民主共和国坦克帆古鲁米矿 24% 股权。澳大利亚纽克雷斯特矿业公司通过合资协议收购加拿大雷德克里斯，交易价值 8.1 亿美元。

## 1.2.2　国内矿业企业资源并购现状

随着中国社会进入后工业化时期，国内矿产资源严重不足，供求关系失衡，国内矿产资源结构及品位已经不能完全满足中国经济大规模、多元化发展的需要，矿产资源全球化配置势在必行。据国家发展和改革委员会预测，到 2020 年，中国重要金属和非金属矿产资源可供储量的保障程度，除稀土等有限资源保障程度为 100% 外，其余均大幅度下降，其中铁矿石为 35%、铜为 27.4%、铝土矿为 27.1%、铅为 33.7%、锌为 38.2%、金为 8.1%。可采年限石灰石为 30 年、磷为 20 年、硫不到 10 年，钾盐现在已经供不应求。出于资源、能源、经济安全等考虑，国家发展和改革委员会、商务部、国务院国有资产监督管理委员会(下称"国资委")等政府部门出台了相关法规和政策鼓励中国企业"走出去"，积极开展海外资源的占有和开发。在此背景下，中国并购市场迅速发展，经历了一个迅猛突起的新阶段，呈现国内并购、海外并购与外资并购"三驾马车"齐头并进的态势。

当前，中国经济已进入结构调整、产业升级时代。国内矿业企业并购十分积极，并购交易活动持续升温。2015 年 6 月 30 日，中化集团下属公司蓝星化工重大资产重组获证监会无条件通过，标志着中国矿业企业产业整合和结构升级逐步升温。国内矿业企业通过剥离亏损，并购重组，引入新型业务，培育产业新的增长点，实现产业优化升级。

国务院颁发《关于 2015 年深化经济体制改革重点工作意见》后，随着并购法律法规不断完善，我国的企业并购活动逐渐进入快车道，有法律法规和政策的护航，国内矿业企业的并购项目更加规范有序，更加稳健有效。

全球矿业在 21 世纪初经历了"黄金 10 年"后于 2012 年伴随全球经济放缓而连续下行，进入深度调整期。从 2016 年起，以中国为代表的新兴经济体基础设施发展非常快，对于能源、金属等大宗商品的需求也非常高，带动矿产品市场趋势向好。

2018 年，紫金矿业发布两个巨额并购公告，收购塞尔维亚最大铜矿和加拿大 Nevsun 公司，涉及金额 26.5 亿美元，约 182.22 亿元人民币。Nevsun 为一家以铜、锌、金为主的矿产资源勘查、开发公司，旗下拥有非洲厄立特里亚在产矿山 Bisha 铜锌矿项目 60% 权益，以及塞尔维亚 Timok 铜金矿项目两个旗舰项目，合计在塞尔维亚、厄立特里亚、马其顿拥有 27 个探矿权。

此外，鹏欣资源于 2018 年成功收购大股东旗下的奥尼金矿。奥尼金矿保有资源储量矿石量 7131 万吨，黄金金属量为 501.74 吨，平均品位 7.04 克/吨。

盛屯矿业在 2016—2018 年间连续并购取得镍、铜、钴等多种贵金属资源，公司金属资源储量大幅提升。2018 年 2 月，该公司出资 5.46 亿元并购刚果一处铜钴矿山，新增金属铜储量 30.2 万吨，钴 4.27 万吨。

洛阳钼业 2016 年分别从自由港集团和英美资源集团成功完成收购非洲刚果（金）的世界级 TenkeFungurume 铜钴矿项目控股权以及巴西铌磷业务，成为全球最低成本大型铜生产商之一和巴西第二大磷生产商。

天齐锂业 2018 年底以 40 亿美元收购全球第二大锂业生产商 SQM。

金川集团 2012 年收购了 Metorex 公司，从而控股了赞比亚齐布卢马铜矿、刚果（金）华希（Ruashi）铜矿和 MMK 勘查项目。此后又陆续收购了其他几家海外矿业公司。目前，金川集团已经拥有了 10 座有色金属矿山。

在国企矿产资源收并购快速发展之时，民营企业也毫不迟疑地参与到新一轮国内资产重组和收并购大潮之中。在新常态下，产能过剩，拥有灵活市场决策机制的非国有企业更是纷纷选择外延收购，实现跨界整合，以融合资源，提高市场占有率和竞争力。在"一带一路"倡议、国企改革等重大机遇下，中国民营矿业公司意欲通过并购做大做强，顺利实现转型升级。

## 1.3  矿产资源并购发展历程

全球矿产资源收并购发展到目前为止，一共经历了 5 次并购浪潮。从历史规律看，全球并购浪潮兴起的阶段均处于全球经济的繁荣期或上升期，并购浪潮已成为经济上升的标志。

（1）第一次并购浪潮（1897—1904 年）

第一次并购浪潮发生在 1883 年经济大萧条之后，在 1898—1902 年达到顶峰。美国的并购活动是随着 19 世纪 60 年代开始的工业化和证券市场的发展活跃起来的。第一次并购高潮时期，仅 1898—1903 年美国的矿业和制造业就发生了 2795 起并购，其中单 1899 年就发生了 1208 起。其后 20 世纪初造船信用崩溃引发的虚假融资风险，以及 1904 年股票市场的崩溃和银行业恐慌等金融因素导致了第一次并购浪潮的结束。

第一次并购浪潮形成了许多规模庞大的企业。通过这次并购浪潮，美国企业规模大幅度增长，产值在 100 万美元以上的大企业增加到 3000 多个，占企业总数的 1.1%，其产值之和占总产值的 43.8%；其中 100 家最大的公司控制了全美近 40% 的工业资本。在此时期形成了后来对美国经济结构影响深远的垄断组织。截至 1904 年，美国拥有资产额达 1 亿美元的大型公司、工业企业有 10 家，公共事业企业有 11 家，最大的 6 家铁路公司资产额均在 10 亿美元以上。

第一次并购浪潮主要集中在基础设施行业，几乎影响了所有的矿业和制造业，但其中金属、食品、石化产品、化工、交通设备、机械、煤炭等行业的并购案约占该时期所有并购案总和的 2/3，基础设施行业的大规模并购活动组成庞大的垄断公司构成了工业现代化的先决条件。

第一次并购浪潮以横向并购为主，追求规模经济和垄断利润是这次并购浪潮的主要动因。企业通过兼并取得了巨大的规模经济效益和垄断利润，形成了垄断市场结构。

（2）第二次并购浪潮（1916—1929 年）

第二次并购浪潮发生于两次世界大战之间，促进了资本主义生产和资本的更大集中，为重工业的发展创造了条件。在证券市场和投资银行的推动下，其间发生的并购数量大大超过了前一次并购浪潮，1926—1930 年共有 4600 起并购发生，1919—1930 年制造业、采矿业、公用事业和银行业的 1.2 万家企业被收购。据厄尔—金特（EarlKintner）的报告，1921—1933 年并购涉及资产达 130 亿美元，占美国全部制造业资产的 17.5%。此次并购中由于大量使用债务对交易进行融资，在经济衰退时加大了风险，因此在著名的"黑色星期四"（1929 年 10 月 29 日的股票市场危机)结束了第二次并购浪潮。

与前一次的"为了垄断的并购"相比，经济学教授斯蒂格勒称第二次浪潮为"为了寡头的并购"。由于更为严格的反托拉斯环境，在此期间，纵向并购成为主要形式，即与本企业生产或经营紧密相关的不同行业互相合并，最后形成寡头而不是垄断的行业格局。

大企业成为并购活动的主角。这是第二次并购浪潮与第一次相比的一个显著特点。第一次并购浪潮主要是把大量中小企业合并成少数大型企业，成为各个行业占统治地位的垄断公司；第二次并购浪潮则是垄断企业并购大量中小企业，加强自己的经济实力，扩展势力范围，其中公共事业企业的集中化程度得到了尤为显著的提高，并产生了国家干预下的企业并购，形成了国家垄断资本。

（3）第三次并购浪潮（1965—1969 年）

第三次企业并购浪潮发生于第二次世界大战结束后的 20 世纪五六十年代的资本主义"繁荣"时期，并在 60 年代后期形成高潮。由于管理科学的飞速发展，并购大多数为混合并购，形成了许多综合性企业。股权融资和可转换债券等有价证券作为主要力量促进着该时期的并购活动。1969 年税制改革法案的通过结束了这些会计操纵手段的滥用，限制了可转换债券的使用，加上综合性企业的经营利润下滑，市场的不信任使得股价下跌压力增大，财务操纵的市盈率游戏不再适用。当市场对综合性企业作出更为准确的评估时，就标志着第三次并购浪潮的结束。

这次并购浪潮以创历史性的高水平并购活动为特征，一是数量多，二是规模大。美国在 1935 年到 1944 年工矿企业被收购兼并的有 1400 余家，而 1960 年到 1969 年被收购兼并的工矿企业超过 12500 家，其中资产在 1000 万美元以上的大公司，1960 年有 51 家，1965 年为 62 家，1968 年超过了 173 家。大规模的企业并购，使美国的生产和资本迅速集中，企业规模不断巨型化。

混合兼并的新形式成为该并购时期的主导模式，即优势企业为实现多元化经营并购那些与生产经营毫不相关的其他产业部门的企业，通过并购形成的混合体是在一个企业主体下统一指挥、统一管理、统一经营的综合性企业。

在第三次并购浪潮期间跨国并购出现并有进一步扩大的趋势。前两次并购主要在国内展开，世界各国相继进入发展经济时期，这为资本在国际的流动创造了条件。此外，获得独立的殖民地国家也要求发达国家在经济和贸易等方面给予支持和优惠。这样，在美国和其他发达国家之间的跨国并购出现了，且在跨国直接投资方式中所占的比例越来越大。据哈佛大学的抽样调查表明，跨国并购在跨国直接投资方式中所占的比重在第二次世界大战后迅速增长，在 1951—1955 年达到 30%，1961—1965 年达到 40.8%。

（4）第四次并购浪潮（1981—1989 年）

20 世纪 70 年代美国并购活动呈下降趋势，直到 1981 年才有了根本性的改变。这次并购的规模是空前的，与前三次相比，这次并购形式多种多样，规模更大，竞争更激烈，同时促进了新一轮产业结构即高新技术产业化的实现。此次并购的范围涉及矿产、食品、烟草、汽车、化学、医药、石油、钢铁、航空航天以及通信等诸多产业，并购对象包括国内上市公司和国外企业，并购形式既有横向并购、纵向并购，也有混合并购。1990 年美国经济进入相对萧条时期，垃圾债券市场的崩溃导致了第四次并购浪潮的结束。

敌意收购成为本次并购浪潮的最大特征，因而也使得各种预防性的反并购措施大大增加。由于并购技术和投资工具的不断创新，使该时期的进攻型和防御型并购策略变得更加复杂。并购与反并购的斗争日益激烈，潜在目标公司会设定各种反并购措施以加大积极防御的力度，出价方则不得不小心应对以战胜这些防御措施。

此外，投资银行家积极推动并购交易是第四次并购浪潮迅速发展的原因之一。并购给投资银行带来巨额的无风险咨询费用的数量达到了史无前例的水平。并购专家们主动参与并购，设计出许多推动或防御并购的创新技术和策略。

在这一时期，跨国并购规模进一步增大。进入20世纪80年代，跨国并购作为传统跨国投资的替代方式为许多跨国公司采用，美国公司通过大量收购国外公司积极地向国际市场扩张。同时外国收购者对美国公司的收购也占到了相当大的比例。

（5）第五次并购浪潮（1994年开始）

自1994年掀起的企业并购浪潮具有真正的世界性，它遍布世界各地，囊括了几乎所有处于世界经济统一体系之中的不同国家。特别是1997年之后，跨国并购成为跨国公司对外扩张的主要方式，其交易额急剧增长。

随着跨国并购的蓬勃发展，跨国公司经营规模也不断扩大，我国矿业企业的海外并购也进入高速发展阶段。2001年12月11日，我国正式加入WTO，经济逐步实现与国际接轨，矿业企业并购活动跨入了新阶段，我国矿业企业的海外并购活动日趋活跃，并购数量增多，并购金额增大，并购对象所在地域逐步多元化。

2013年自习近平总书记提出建设我国丝绸之路经济带以及构想并推行"一带一路"倡议以来，"一带一路"的概念逐步从研究层面走向了执行层面，"一带一路"上的矿业投资给矿业企业带来重大机遇，更加推动了中国矿业企业国外并购的发展。

## 1.4 资源并购市场存在的问题

当前全球经济增速缓慢，尤其作为世界经济主要驱动力的新兴经济体的增速放缓导致全球矿业面临重大调整，突出表现为全球矿业疲软，矿产品的需求、价格以及股市价格都呈现了不同程度的下降，矿产品需求也正经历结构性调整，矿业市场持续低迷，国外矿业跨境并购交易活跃度明显下降。

（1）矿产品价格低迷

近年来全球经济政治格局动荡调整，发达经济体与发展中经济体之间，以及发达经济体中的美国与欧盟、日本之间呈现出多极分化特征，经济复苏的脆弱性、不确定性已深深影响到了全球矿业的发展走势。国际石油、煤炭、铁矿石和铜价格持续下跌，国际矿业市场持续低迷。矿产品价格低迷直接导致了矿业并购的数量和金额急剧下降。

2016 年以来，矿产品价格整体有所回升，矿业公司市值总体呈现回暖趋势，投资人对矿业的信心也有所提升，主要大型矿业公司股价回升。2019 年，受中美经贸摩擦、地缘政治冲突加剧的影响，全球矿业潜滋暗长，蓄能转型。

2019 年，受供需基本面及突发事件影响，石油、铜、锂、钴等价格整体呈下降态势，铁矿石、镍价格出现短期暴涨。受全球贸易摩擦、地缘政治冲突加剧的影响，黄金价格大幅上涨。

（2）矿业企业面临资金压力

国外多数矿业企业由于前期投资巨大，带来一定的资金压力，连年矿业市场需求低迷，致使矿产品价格不断下跌，资本回收成为问题。资金压力已经成为矿业企业普遍遇到的问题，对于资金薄弱的中小型企业，资金关乎企业的生死存亡。对于大型企业来说，项目的正常运行、技术改造、矿业并购都需要资金的维持，资金是企业发展的基石。

根据《中国矿产资源报告 2019》显示，截至 2018 年底，中国已发现矿产 173 种，探明储量的矿种从新中国成立之初的十几种增至 162 种，成为世界上少数几个矿种齐全、矿产资源总量丰富的大国之一。

但是，在当前全球经济增速放缓和不确定因素增加的背景下，全球矿业发展承压，商业环境、贸易政策不确定性加剧。受此影响，国际矿产品价格或将进一步调整，矿业企业经营难度将明显上升。

经济前景不乐观导致矿业投资者将目光聚集在削减开支和债务调整上。为了调整资产负债表，提高资本回报率，投资者开始撤回资金，致使矿业市场融资困难。严峻的市场环境和较低的资本支出加剧了行业衰退，大宗商品价格的波动进一步降低了投资者的热情。很少有公司公布收购计划，只有小部分公司为了巩固合作关系和长远的利益而寻求合并机会。

（3）矿业政策法规频繁变更

利益最大化一直是资源国和矿业企业共同追求的目标，近年来资源国为了扩大自身收益，频繁修改和制定新的矿业法规。提高税费是资源国重新分配与矿业企业之间利益所采取的最直接的手段，近几年全球发生了很多调整税费的事件，仅 2013 年全球就有约 30 个国家计划修改或已经修改了矿业法规，其中包括新设的税种和提高原有税费，涉及的种类主要有矿区使用费、开采费、出口关税等。

税费的变更对于矿业企业资金有重要影响，在一定程度上增大了矿业企业的压力。

资源国通过制定、修改矿业法规达到控制资源的目的，这是企业所面临的最大风险。表现形式为政府在其国内矿业项目中拥有一定比例的"干股"或拥有项目股权的选择参与权，以及以其他法定方式有权强制性参与或控制矿业企业，还有一些国家或地区对外资进入设定了较多限制。

(4) 勘探、生产效率下降

随着地质找矿工作的不断深入，大多数出露地表和近地表矿床已被发现，尤其是在地质研究程度高的地区。因此，寻找深部隐伏矿（包括盲矿）已逐渐成为当前各国勘查的重点。随之而来的便是找矿风险的增加、勘查成本的提高及勘探效率的降低。

另一方面，地质工作程度低的地区工作环境往往很差，相应的钻探和人员劳务费会增高，相比以前同样费用的投入，勘查程度会相应地降低，勘探效率也随之下降。

根据标准普尔全球市场情报公司发布的《2019 年世界勘查趋势报告》显示，2019 年全球有色金属勘探预算从 2018 年的 101 亿美元下降 3% 至 98 亿美元。报告指出，2019 年勘探预算降低的主要原因是大宗商品价格的挑战以及黄金行业的并购影响了合并公司的勘探重点。全球固体矿产勘查投入缓慢回升，但中国固体矿产勘查投入持续下降。

从勘查主体看，大型矿业公司投入占比增加，中小型勘查公司占比下降；从勘查阶段看，草根勘查投入持续下降，详查和勘探投入持续增长；从勘查矿种看，金、铜、锌占比持续增加，铀、镍、金刚石占比持续下降；从勘查区域看，大型矿业公司逐步聚焦南北美、澳大利亚等地区，大幅降低非洲、东南亚等地区的勘查投入。

资源并购市场的问题增加了矿产资源并购项目的投资成本及风险，需要建立完善的项目并购体系，保证项目的顺利实施。

# 1.5　矿产资源并购种类划分

矿产资源并购有多种分类方式，按不同的分类标准，矿业并购可以分为不同的种类。

## 1.5.1　并购双方行业的相关性分类

（1）横向矿业并购

横向矿业并购又称水平矿业兼并，是指生产或经营同一或相似矿业产品的矿业企业之间的兼并，实质上是矿业市场竞争对手之间的并购。横向矿业并购的目的是迅速扩大矿业生产体量，提高效率和市场份额。前者是规模效应的范畴，后者是产业集中度范畴。并购后规模经济发挥效应，矿业企业的整体经营效益提高，矿业企业的市场集中度提高，矿业企业的市场权力得到扩大。

横向矿业并购的收购方矿业企业具有实力扩大自己矿业产品的生产和销售，并购双方矿业企业的产品及销售具有同质性。

横向矿业并购的优点表现在，通过并购竞争对手，收购方能够获得现成的矿业生产线，迅速形成矿业生产能力，提高本企业矿业市场份额，增加市场竞争力；能够利用规模经济效应降低成本，增强效率和抵御风险的能力。

横向矿业并购的缺点是任其自由发展容易形成自然垄断，破坏市场竞争，导致市场效率低下，矿业企业获得超额垄断利润，不利于社会整体效益的提升。

（2）纵向矿业并购

纵向矿业并购是指生产经营不同阶段的统一矿产品企业或在工艺上具有投入产出前后关系的矿业企业之间的并购行为，主要是矿产资源探、采、选、冶等产业链上下游之间的整合。或者说是发生在不同矿产资源产业的上下游企业之间的并购，以形成纵向生产一体化。

纵向矿业并购的最大特点是并购双方的性质不同，实质上是矿业企业与自身客户的合并。

纵向矿业并购的优点是通过并购活动将市场交易行为内部化，有利于减少矿业市场风险，节约交易费用，为潜在竞争对手设置进入壁垒。

纵向矿业并购的缺点是矿业企业生存发展受矿业市场波动因素影响较大，容易形成"大而全，小而全"的企业重复建设。

（3）混合矿业并购

混合矿业并购是指矿业公司并购对象既不是与本公司存在竞争关系的矿业公司，也不是与本公司存在上下游客户关系的矿业公司或其他公司，而是与本公司属于不同性质和不同种类的企业进行的并购。并购矿业企业与被并购企业处于不同的产业部门、不同的领域，双方的产品或服务没有密切的替代关系，也没有明确的投入产出联系。

通过混合矿业并购，矿业公司能够实施多元化战略，介入基本没有关联的产业领域，生产经营若干互不关联的产品，在若干互不关联的市场与相应的专业化竞争对手展开市场竞争。

综上，横向矿业并购、纵向矿业并购、混合矿业并购都是以矿产资源要素为基础的矿产源开发类型或模式，它们的不同点在于双方产品与产业的联系以及目的不同。横向矿业并购是对开采相同种类矿产资源的矿山企业进行合并重组，目的在于扩大企业经营规模。纵向矿业并购是进行同种矿产资源探、采、选、冶的上下游矿业企业之间的并购，其主要目的在于组织专业化生产和实现产销一体化。混合矿业并购是对无直接生产或经营联系的企业进行的并购，以达到资源互补、优化组合、扩大市场活动范围、分散风险的目的。

## 1.5.2 并购双方是否接触分类

根据跨国并购公司与目标公司是否接触来看，可以分为直接并购和间接并购。

（1）直接并购

是指在并购过程中，并购公司可以直接向目标公司提出拥有所有权的要求，然后双方通过一定程度的磋商，共同商定条件，并根据协议完成所有权的转让。因此，直接并购也可以成为协议收购或友好接管。此外，目标公司如果由于经营不善或遇到债务危机，也可以主动提出转让所有权。

（2）间接并购

间接并购是指通过投资银行或者其他中介机构（例如财务顾问公司）进行的并购交易。间接收购往往是通过在证券市场上收购目标公司已经发行和流通的具有表决权的普通股票，从而掌握目标公司控制权。如果这种收购是善意的，则比较容易成功。如果并非建立在双方共同意愿的基础上，则可以说是恶意收购，极有可能引起公司之间的激烈对抗。在间接收购过程中，收购公司并非只满足于取得部分所有权，而是要取得目标公司董事会的多数表决权，强行完成对整个目标公司的收购。

## 1.5.3 目标公司上市情况分类

根据目标公司是否上市可以分为私人公司跨国并购和上市公司跨国并购。

私人公司跨国并购是指他国并购公司在非证券交易所对非上市公司的收购。这样的并购一般是通过公司的股东之间直接的、非公开的协商方式进行的，只要目标公司的大部分股东同意出售其持有的股份，私人公司的控制权便由并购公司掌握。

上市公司跨国并购是指他国公司在证券交易所通过对上市公司股票的收购实现并购。由于现代经济中占据举足轻重地位的大企业几乎都是上市公司，因此，具有重大影响力的跨国并购都是通过证券市场实施的。

## 1.5.4　并购的支付方式分类

按照并购的支付方式分类，企业并购可分为现金并购、股票并购和综合证券并购三种类型。

（1）现金并购

现金并购是指并购企业使用现金购买目标企业的资产或股票，以实现对目标企业的控制。它是并购活动中最清晰、最直观的一种支付方式。并购企业通过支付现金取得目标企业的产权，并购完成后，目标企业股东获得现金从而放弃对公司的一切权利。

对并购企业而言，现金并购能够隔断目标企业股东与并购企业的一切关系，使并购企业能够根据需要对目标企业的资源进行整合、处置；但这种并购方式也要求并购企业有足够的现金支付能力，从而限制了并购规模的扩大。对目标企业股东而言，现金并购可以及时变现产权收回投资，但并购一旦完成，目标企业股东就失去了对公司的各种权力。现金并购是早期并购的主要支付方式，随着资本市场的发展以及各种金融支付工具的出现，纯粹的现金并购已经越来越少。

（2）股票并购

股票并购也称换股并购，是指并购企业直接用本公司股票作为支付工具来支付并购价款的并购方式。并购完成后，目标企业的股东转化为并购后企业的股东，并购企业和目标企业的股东共同形成并购完成后的企业股东。

股票并购无须支付大量的现金，避免了并购企业短期内大量现金流出的压力，不影响并购企业的现金状况，降低了并购风险。股票并购摆脱了现金支付规模的制约，使得许多超大规模的并购得以完成。同时目标企业的股东不会丧失所有权，只是这种所有权从目标企业转移到了并购企业，这一特征使目标企业股东的反并购情绪降低，并购的难度减小。在发达资本市场的国家，股票并购已经成为主要的并购支付方式。

（3）综合证券并购

综合证券并购是指并购企业对目标企业提出并购时，其出价有现金、股票、认股权证、可转换债券等多种形式组合的出资方式。它将多种金融支付工具组合在一起，可以取长补短，从而满足并购双方的需要。这样，并购公司既能避免支出过多的现金，以免造成财务状况恶化，又可防止并购企业股东股权稀释造成控制权转移。所以，综合证券支付方式的使用呈逐年上升的趋势，不过，这种支付方式使用的支付工具都是成熟资本市场下金融工具创新的产物，因此需要发达的资本市场和较为完备的进退机制作为依托。

## 1.6 本章小结

本章通过对矿产资源并购的定义及特点、国内外矿业企业矿产资源并购现状、矿产资源并购发展历程、资源并购市场存在的问题以及矿产资源并购种类的划分进行介绍及分析，提出并购矿产资源是全球各国矿业企业优化矿业结构、合理配置资源、推动企业快速发展的有效途径。矿业企业通过矿产资源的并购，可以降低企业经营成本、实现资源规模的扩张，从而提高企业的市场竞争力和经济实力，促进经济社会可持续发展。

# 第2章 矿产资源并购评价理论

## 2.1 矿产资源并购基础理论

矿产资源在市场交易过程中作为资产，其评价涉及技术、经济、法务等多方面的因素，评价过程中机遇与风险共存，因此矿产资源并购项目评价需要依托一定的理论体系，在理论体系和科学方法的指导下实施评价，才能做到有据可依，有理可查。

### 2.1.1 矿产资源并购基础理论

矿产资源作为一种特殊资源，其理论渊源离不开马克思的资本集中理论，马克思以资本集中这一问题为核心建立了资本集中理论，阐述了资本集中的原因、机制和趋势，将资本集中的原因归咎为竞争和资本对剩余价值和利润的追求，资本集中机制主要包括竞争机制、公司制度、信用制度和股票市场四个方面。随着矿产资源并购活动的加剧，其理论研究也不断深入，西方经济理论中出现了规模经济理论、系统效应理论、交易费用理论、市场势力理论、价值低估等多项理论，从不同侧重点论述了并购活动的产生根源和动机。

（1）规模经济理论

规模经济理论是经济学的基本理论之一，也是现代企业理论研究的重要范畴。规模经济理论是指在某一特定时期内,企业产品绝对量增加时,其单位成本下降,即扩大经营规模可以降低平均成本,从而提高利润水平。

真正意义上的规模经济理论起源于美国,它揭示的是大批量生产的经济性规模,典型代表人物有阿尔弗雷德·马歇尔(Alfred Marshall),张伯伦(EH Chamberin),罗宾逊(Joan Robinson)和贝恩(JS Bain)等。马歇尔论述了规模经济形成的两种途径,即依赖于个别企业对资源的充分有效利用、组织和经营效率的提高而形成的"内部规模经济"和依赖于多个企业之间因合理的分工与联合、合理的地区布局等所形成的"外部规模经济"。

传统规模经济理论的另一个分支是马克思的规模经济理论。马克思在《资本论》第一卷中,提出了社会劳动生产力的发展必须以大规模的生产与协作为前提的主张。他认为,大规模生产是提高劳动生产率的有效途径,是近代工业发展的必由之路,在此基础上,"才能组织劳动的分工和结合,才能使生产资料由于大规模积聚而得到节约,才能产生那些按其物质属性来说适于共同使用的劳动资料,如机器体系等,才能使巨大的自然力为生产服务,才能使生产过程变为科学在工艺上的应用"。马克思的理论与马歇尔关于"外部规模经济"和"内部规模经济"的论述具有异曲同工之妙。

规模经济理论通过并购活动实现规模报酬的递增。表现为:生产规模扩大以后,企业能够利用更先进的技术和机器设备等生产要素;随着对较多的人力和设备的使用,企业内部的生产分工能够更合理和专业化;人数较多的技术培训和具有一定规模的生产经营管理,也都可以节约成本。

矿产资源并购可以在两个层次上实现企业的规模效益,即产量的提高和单位成本的降低。并购活动给企业带来的内在规模经济在于:通过并购活动,可以对资产进行补充和调整;横向并购,可实现产品单一化生产,降低多种经营带来的不适应;纵向并购,可将各生产流程纳入同一企业,节省交易成本等。并购的外在规模经济在于:并购增强了企业整体实力,巩固了市场占有率,能提供全面的专业化生产服务,更好地满足不同市场的需要。

规模经济理论实质上是规模经济的工厂模型,反映的是投入与产出的关系,这一模型反映的是工厂的技术经济条件,体现技术规律的要求,而企业在并购的过程中并不是以产出最大化作为最终目的,即使实现了最优的投入产出比也不是企业理想中的规模经济,因为作为一个理性的厂商,其最终目的是追求利润最大化,但是无论如何,生产中的规模经济也是实现利润最大化的必要步骤之一。

（2）协同效应理论

协同效应又称增效作用，由德国物理学家赫尔曼·哈肯于 1971 年提出，协同效应是指两种或两种以上的组分相加或调配在一起，所产生的作用大于各种组分单独应用时作用的总和。社会现象亦如此，例如，企业组织中不同单位间的相互配合与协作关系，以及系统中的相互干扰和制约等。

协同效应简单地说就是"1+1>2"的效应。协同效应可分外部和内部两种情况，外部协同是指一个集群中的企业由于相互协作共享业务行为和特定资源，因而将此作为一个单独运作的企业取得更高的赢利能力；内部协同则指企业生产、营销、管理的不同环节，在不同阶段，从不同方面共同利用同一资源而产生的整体效应。

实现协同效应有以下三种方式：

一是提高目标公司的管理效率。一家经营效益好的公司并购管理效率低下的目标公司，适当的并购整合将增加目标公司的价值，实现并购的协同收益。

二是通过并购获得规模经济。这种规模经济可以源于生产制造或者研发方面的资源共享，也可以通过降低生产经营环节间的沟通与谈判等成本来实现。

三是并购降低企业内部融资成本。有大量内部现金流和少量投资机会的企业与有投资机会但缺乏内部资金的企业进行合并，可能会获得较低的内部资本成本优势。

此外，合并之后公司负债能力的提高也是企业通过并购实现财务协同效应的表现。

从动态角度看，实现协同效应要求并购者至少能够做到以下几点：首先，并购者能够识别目标公司中战略、流程、资源中的独特价值，并能维持和管理好这种价值，使其至少不贬值或不流失。其次，并购者自身拥有的资源和能力，在整合过程中不会被损害，能够维持到整合后新的竞争优势发挥作用。这要求并购者必须认真评估并购投入的资金、人力资源以及其他资源对原有业务的影响。第三，并购者拥有的资源、能力与目标公司的资源、能力能够有效加以整合，创造出新的超出原来两个公司的竞争优势。

实现协同效应，要求并购方能够做到以下两点：第一，整合后的并购者必须能够削弱竞争对手。第二，整合后的并购者必须能开拓出新市场或压倒性地抢夺对手的市场。第一个条件需要并购者有能力维持优势或者克服弱点；第二个条件使并购者能够以前所未有的方式在新的领域或目前市场上与竞争者竞争。

实现协同效应，除了必需的资源保障，防止竞争对手的攻击，同时还需要有效地控制整合过程。首先，有效的并购整合不是始于宣布并购之后，而应始于尽职调查阶段。在尽职调查时，不但要了解资源、业绩、客户等，更要研究文化、历史；必须对协同效应的真正来源、实现的途径做出可靠的评估。并购者必须检验假设的可靠性。其次，愿景和使命是企业文化的核心，是企业系统中的灵魂，也是所有并购活动的出发点，是凝聚优秀员工、留住有价值客户的重要基础，并购不过是实现公司愿景、达成公司使命的一个手段。第三，必须有清晰明确的经营战略，即在竞争性环境中实现愿景的基本指导思想、路径，以及一系列连续的一致的集中的行动。第四，并购者必须为防止可能的文化冲突，特别是权力冲突以及由此而导致的对公司竞争力的损害做好充分的准备；在保存目标公司的文化和为了实现并购目标而促进双方建立相互依赖关系之间，保持必要的平衡。审慎的规划、科学的选择，能够增加成功的概率。风险可以规避，可以分散，但很难消除。要善于改变风险、规避风险，增加成功的可能性，减少出问题的可能性以及问题出现后的负面影响。

（3）交易费用理论

交易费用理论是整个现代产权理论大厦的基础。1937年，著名经济学家罗纳德·科斯（Ronald Coase）在《企业的性质》一书中首次提出"交易费用"的思想，1969年阿罗第一个使用"交易费用"这个术语，威廉姆森系统研究了交易费用理论。该理论认为，企业和市场是两种可以相互替代的资源配置机制，由于存在有限理性、机会主义、不确定性与小数目条件使得市场交易费用高昂，为节约交易费用，企业作为代替市场的新型交易形式应运而生。交易费用决定了企业的存在，企业采取不同组织方式的最终目的也是为了节约交易费用。

交易费用经济学包含以下几点基本结论：①市场和企业虽可相互替代，却是不相同的交易机制。因而企业可以取代市场实现交易。②企业取代市场实现交易有可能减少交易的费用。③市场交易费用的存在决定了企业的存在。④企业"内化"市场交易的同时产生额外的管理费用。当管理费用的增加与市场交易费用节省的数量相当时，企业的边界趋于平衡（不再增长扩大）。交易费用理论仔细区分了市场交易和企业内部交易。市场交易双方利益并不一致，但交易双方地位平等。

在科斯的分析中没有专门分析交易费用产生的原因。科斯首先赋予"交易"以稀缺性，认识到交易活动的稀缺性，就使分析交易费用产生的原因有了基础、但科斯并没有明确指出稀缺就是产生交易费用的根源，他只是从事实出发，赋予交易以稀缺性，从而把交易作为制度经济学的基本分析单位。威廉姆森对这一问题的分析，要深刻得多。他指出影响市场交易费用的因素可分成两组：第一为交易因素。尤其指市场的不确定性和潜在交易对手的数量及交易的技术结构，即交易物品的技术持性，包括资产专用性程度、交易频率等。第二为"人的因素"——有限理性和机会主义。他指出，由于机会主义行为、市场不确定性、小数目谈判及资产专用性的存在都会使市场交易费用提高。

在交易费用理论问世之前，纵向联合（垂直兼并）理论可以归为两大类，即"技术决定论"和"市场缺陷论"。"技术决定论"认为许多生产阶段在技术上紧密相连，属于同一企业经营范围。是技术经济的需要，把这些具有技术联系的生产阶段组织在一个企业中更为合理和经济。"市场缺陷论"的特点在于着眼于市场中的一些"缺陷"，即市场中偏离纯粹市场竞争模式的现象，来说明纵向联合可以改善经济效益，提高利润。这些市场的"缺陷"包括垄断、霸占、非完全竞争等市场模式。应用交易费用理论可以更好地解释垂直兼并的关键问题是"资产特定性"，即某一资产对市场的依赖程度。资产有三种特性：一是资产本身的特定性，二是资产选址的特定性，三是人力资产的特定性。上述三种资产特定性的任何一种都能促使企业进行行政管理垂直兼并。一般来说，资产特定性越高，市场交易的潜在费用越大，垂直兼并的可能性就越大。当资产特定性达到一定高度，市场交易的潜在费用就会阻止企业继续依赖市场，这时垂直兼并就会出现，因此，在一个工业部门中，资产特定性越高，垂直兼并的现象就应该越普遍。反之，如果一个工业部门的资产特定性越低，垂直兼并的现象越少。

交易费用理论在混合兼并过程中把混合兼并理解为企业组织的自然发展，这种混合型企业是为了组织极其复杂的经营活动，因为多部门组织管理互不相关的经济活动可以节约交易费用。把混合企业组织视为一种内部化资本市场，是交易费用理论对混合兼并的有力解释，在管理协调取代市场协调后，资本市场得以内在化，从而大大提高了资源利用效率。

交易费用这一理论的提出，改变了经济学的面目，使呆板的经济学具有了新的活力，并更具有现实性。它打破了古典经济学建立在虚假假设之上的完美经济学体系，为经济学的研究开辟了新的领域。它不仅在于使经济学更加完善，而且改变了人们的传统观念。它不仅认为关注企业在现代经济中的重要性是无论如何都会发生的，同时把交易成本明确地引进了经济分析之中。

(4)市场势力理论

市场势力理论又称市场垄断力理论,市场势力理论认为企业并购同行业其他企业的目的在于寻求占据市场支配地位,或者说兼并活动发生的原因是它会提高企业的市场占有份额。

根据这一理论,企业在收购一个竞争对手后,并购者产生了将该竞争者挤出市场的效应,可能会在削减或降低现有竞争对手市场份额的同时,提高自身市场地位和控制能力。从而提高其产品的价格和市场的垄断程度。市场势力理论认为,生产同种产品或服务的企业之间的横向并购,会导致竞争对手减少,相对扩大收购公司的规模,获得垄断地位。

通常在三种情况下会导致以增强市场势力为目的的并购活动:

一是在需求下降,生产能力过剩的削价竞争状况下,几家企业合并,以取得对自身产业比较有利的地位;二是在国际竞争使国内市场遭受外商势力的强烈渗透和冲击的情况下,企业间通过联合组成大规模企业集团,对抗外来竞争;三是由于法律变得严格使企业间的多种联系成为非法行为,通过并购可以使用一些"非法""内部化"措施,达到继续控制市场的目的。

获取垄断地位的并购可能出现在横向并购、纵向并购及混合并购中。

横向并购、纵向并购和混合并购虽然作用机理不同,但都能达到扩大市场势力的目的。横向并购通过行业集中,减少了本行业中的企业数量,使并购后的企业对市场控制力得以增强,形成某种程度上的垄断;通过对并购产业链上下游中关键企业的控制,树立产业壁垒,限制其他厂商进入该产业,从而达到获取垄断地位的目的。纵向并购后的业务范围向纵深发展,形成一体化服务,可以使利润来源增加,市场影响扩大;混合并购则扩大了绝对规模、拓展了业务面及其利润来源,使其拥有相对充足的财力与竞争对手进行竞争,达到独占或垄断某一业务领域的目的。基于此,市场势力理论的核心观点就是增大规模将会增强实力。

(5)价值低估理论

价值低估理论认为公司股票的市场价值/公司资产的重置成本越小,则企业被并购的可能性越大,进行并购要比购买或建造相关的资产更便宜。该理论提供了选择目标企业的一种思路,应用的关键是如何正确评估目标企业的价值。当目标企业的市场价值由于某种原因而未能反映其真实价值或潜在价值时,并购活动就会发生。

企业市场价值被低估的原因主要有:目标企业的经营者由于管理能力的原

因，未能充分发挥自己应有的潜能，因此该企业的实际价值被低估了；并购企业拥有外部市场所没有的关于目标企业真实价值的内部信息；由于通货膨胀造成资产市场价值与重置成本的差异，造成企业的价值被低估。当某一股票的市场价值低于资产的重置成本时，它将成为被并购的对象，并购将会产生潜在的效益。

价值低估理论有若干方面，每一方面的性质和内涵都有些不同。

①短视理论。该理论认为问题的所在是市场参与者，特别是机构投资者强调短期的经营成果，其结果将导致有长期投资方案的公司价值被低估，当一个公司价值被低估时，它就成为对其他有大量可自由支配资源的公司或个人投资者(进攻者)有吸引力的目标。

②托宾 $Q$ 理论。经济学家托宾于 1969 年提出了一个著名的系数，即"托宾 $Q$"系数(也称托宾 $Q$ 比率)。该系数为企业股票市值对股票所代表的资产重置成本的比值，在西方国家，$Q$ 比率多在 0.5 和 0.6 之间波动。许多希望扩张生产能力的企业会发现，通过收购其他企业来获得额外生产能力的成本比自己从头做起的代价要低得多，例如，如果平均 $Q$ 比率在 0.6 左右，而超过市场价值的平均收购溢价是 50%，最后的购买价格将是 0.6 乘以 1.5，相当于公司重置成本的 90%。因此，平均资产收购价格仍然比当时的重置成本低十个百分点。

③信息不对称理论。研究表明即使在欧美国家的资本市场上，股票市价也未必能反映所有未公开的"内幕信息"。一些实力雄厚的大机构或大公司通常具有相当的信息优势，它们比一般投资者更容易获取关于某个公司竞争地位或未来发展前景的"内幕信息"，而此时整个市场对此却一无所知，知情者若发现该公司的股票市价低于真实价值，就可能乘机收购其股票。

## 2.1.2　发展中国家矿产资源并购理论

西方对于矿产资源并购理论研究较早，但随着发展中国家对外投资、并购项目的不断增长，在原有投资格局的基础上，孕育出了针对发展中国家的矿产资源并购理论，发展中国家矿产资源并购理论主要以跨国投资为研究方向，理论的提出是依托发展中国家较发达国家体制、经济制度的相对不完善，以及发展中国家具有强劲的发展潜力和技术创新空间提出的，其理论与发展中国家的发展轨迹相契合，对于发展中国家的投资具有指导意义。

发展中国家矿产资源并购理论主要有四类：小规模技术理论、技术地方化理论、对外投资不平衡理论、技术创新产业升级理论。

（1）小规模技术理论

1977年美国经济学家刘易斯·威尔斯（Louis J Wells）在题为《发展中国家企业的国际化》一文中提出"小规模技术理论"。

该理论认为：发展中国家企业比较优势是低成本的小规模技术优势，这种技术适应了发展中国家的小规模市场需求。而发达国家企业拥有的大市场技术无法在小市场中实现规模效益，从而使得发展中国家企业具有了比较优势，因而加大了发展中国家企业国际直接投资的可能性。

小规模技术理论被西方理论界认为是发展中国家跨国公司研究中的早期代表性成果。威尔斯把发展中国家跨国公司竞争优势的产生与这些国家自身的市场特征结合起来，在理论上给后人提供了一个充分的分析经济落后国家企业在国际化的初期阶段怎样在国际竞争中争得一席之地的空间。

（2）技术地方化理论

1983年英国经济学家拉奥（Sanjaya Lall）出版了《新跨国公司：第三世界企业的发展》一书，提出用"技术地方化理论"来解释发展中国家对外直接投资行为。该理论认为发展中国家跨国公司的技术特征尽管表现为规模小、使用标准化技术和劳动密集型技术，但这种技术的形成却包含企业内在的创新活动。技术地方化理论不但研究发展中国家企业间的国家竞争优势，而且认识到发展中国家企业在技术上的综合创新能力，以及其在产品升级、改造和开发适应本土市场技术方面的独特优势。

（3）对外投资不平衡理论

2001年经济学家Hwy Chang Moon和Thomas W Roch提出对外投资不平衡理论，即存在资产相对不平衡（如缺乏技术优势，无法形成规模优势等）的企业，可以通过对外投资在国外市场上通过上市或其他方式寻求补偿性资产，从而使其资产组合达到平衡，竞争力得到显著增强，战略地位发生根本性逆转。因此，对外投资是处于相对劣势的企业增强竞争实力、在竞争中实现赶超的有效途径。

（4）技术创新产业升级理论

20世纪90年代初期英国学者坎特韦尔（John A. Cantwell）和托兰惕诺（Paz Estrella Tolentino）共同提出了"技术创新产业升级理论"，该理论认为：发展中国家和地区对外直接投资的产业分布和地理分布是随着时间的推移而逐渐变化的，并且是可以预测的。该理论解释了1980年以来发展中国家，尤其是新兴工业化国家和地区对外投资的结构由发展中国家向发达国家、由传统产业向高技术产业流动的轨迹，对于发展中国家通过对外投资来加强技术创新与积累，进而提升产业结构和加强国际竞争力具有普遍的指导意义，受到了西方经济理论界的高度评价。

技术创新产业升级理论从一个新的视角提出了发展中国家企业技术提升的路径，即通过技术创新和积累，在产业结构与对外投资的相互促进中不断升级。

### 2.1.3　矿产资源并购项目技术评价理论

矿产资源并购项目评价是为矿业资产投资决策而进行的评价，包括从工业开发角度进行的矿业资产技术评价、经济评价及风险评价，常见的如可行性研究、预可行性研究等，其目的是明确矿产资源项目的真实性、项目开发是否经济有利，评价过程以技术为先导结合定量定性分析来进行。

矿产资源并购项目技术评价的基本理论有相似类比理论、求异理论、定量组合控矿理论。

（1）相似类比理论

相似类比理论是一种自然的理论和法则，在社会科学和自然科学领域均有所应用，在地质学的发展过程中，相似类比理论起了巨大的推动作用，逐步成为地质学中最重要和最基本的理论。相似类比理论是指在相似的地质环境下，应该有相似的矿床产出，如一定种类的矿床及其共生组合特征，在相同的地区范围内应该有相似的矿产资源量。

1830 年英国地质学家 C. 莱伊尔在《地质学原理》这本经典著作中提出的"将今论古"的历史比较分析法就是最基本的类比原则。苏联 A. B. 卡日丹（1988）认为："研究地球最重要的方法就是逐步逼近原则，利用已有信息的最主要方法是类比原则，而评价结果可靠性的最主要方法是抽样解剖原则"。

相似类比理论的研究内容主要包括四个方面：①成矿背景（或环境）类比，包括成矿的大地构造背景、地球化学背景和地球物理背景的类比，通过典型矿床形成环境的研究建立环境类比模型。②成矿条件（或控矿因素）类比：主要包括控矿构造、岩浆岩、地层、岩性、岩相古地理等条件的类比。对内生矿产而言，主要是构造-岩浆活动因素类比；对外生矿产而言，主要是构造-岩相因素或岩相古地理因素的类比；对变质矿床而言，主要是岩性、变质相及变质程度的类比。通过典型矿床的成矿条件分析，建立成矿条件类比模型。③矿化信息类比，即通过典型矿床的矿化信息（地质信息、地球物理信息、地球化学信息、遥感地质信息等）研究，建立综合信息类比模型。④成矿规律类比，包括成矿的时间规律、空间规律、矿质来源规律和矿床共生规律的类比，并由典型矿床的成矿规律建立矿床成因类比模型。

矿产资源项目评价是一个以已有的各种资料为基础，依据理论指导，通过一定的途径和方法，经过专门性、有针对性地分析和研究，对研究对象即某一地区、矿床、矿点等的某些感兴趣的属性，如成矿前景、可能的资源量及进一步的具体找矿地段等所做出的带推测性的结论性意见。由于勘查工作的循序渐进性和阶段性，人们对有关地质资料的认识是不断深化的，因而矿产资源项目评价也是一个随勘查工作的进行而不断推进的动态过程。由于地质认知过程中所获取的有关信息的有限性及复杂性，必须依赖科学的理论作指导才能得到一定地勘工作阶段内相对可信赖的结论。

依据这一理论，在进行矿产资源评价时，就可以运用研究程度较高、地质资料丰富的矿床所取得的有关认识去推测研究程度较低、地质资料比较有限的同类矿床的成矿前景和可能的资源量等。

（2）求异理论

求异理论是相对于人们熟知的相似类比理论而提出的，其主要是指一些新类型、特殊类型或超规模（巨型、超大型）的矿床皆产于特殊的地质环境中，这种特殊的地质环境具有与周围地质环境截然不同的地质结构和要素，构成所谓的地质异常。在找矿评价中，从总结、研究和探求地质异常入手，进而进行成矿可能性分析。

求异理论强调的是地质体（地质环境）的不同之处对成矿的影响及作用，它对于找寻评价新类型、特殊类型、超大型的矿床具有特殊的指导作用，而相似类比理论能指导人们进行已熟知的同类型矿床的探矿的评价工作。

（3）定量组合控矿理论

定量组合控矿理论是指成矿不是由单一因素，也不是由任意几个因素的组合影响完成的，而是由必要和充分的因素耦合完成的，但这种"必要和充分"因素的组合对于矿产勘查工作者往往具有较大的不确定性，为了最大限度地提高找矿成功概率，就必须最大限度地查明控矿的定量组合因素。

在进行某一地区或某一矿区的成矿前景或资源潜力评价工作时，按照定量组合控矿理论，首先应全面地分析有关控矿地质因素，并掌握这些因素对成矿的贡献及其相互之间的耦合关系，尽可能定量地研究控矿因素组合，而不是仅限于定性分析和判断。在地质条件相似的情况下，一些地区成矿，而另一些地区可能无矿，这是因为相似的地质条件并不一定是成矿的充分条件。一般来说，一个地区成矿概率的大小与成矿的有利因素的种类及其耦合关系有关。

"定量"是任何一门科学现代化的重要标志及基本要求。按照定量组合控矿理论，在进行矿产预测时应该充分提取、构置、优化各种控矿要素及各种信息，并采用一定的先进技术手段进行综合的定量处理，定量地把握各种因素在成矿中所起作用的大小、性质、参与程度等，以提高评价结论的准确程度。

(4)惯性理论

惯性理论本身是指自然界的客观事物在其发展变化过程中常常表现出一定的延续性，通常称其为惯性现象。在矿产勘查领域，这种惯性现象表现为成矿事件及其有关的地质体，如矿床等在时间、空间上所具有的稳定的变化趋势。这种变化趋势越稳定，则越不易受到外界其他因素的干扰而改变其发展趋势。在进行地质评价时，依据惯性理论作指导，通过分析、总结有关的地质体及成矿事件的发展变化规律，就可以对其相邻地段及深部地段的成矿前景及可能的成矿规模进行推断。

(5)相关理论

相关理论是指任何成矿事件的发生、变化都不是孤立的，而是在与其他地质作用的相互影响下发展的，并且这种相互影响常常表现为一种因果关系。例如地质评价的主要对象——矿床和各种岩石及构造有着密切的联系，一定类型的矿床是特定的地质作用下的特殊产物。相关理论有助于评价者深入、全面地分析与成矿有关的各种地质因素，从而正确地认识矿床的有关特征及成矿规律，进而做出正确的评价。

## 2.2  矿产资源并购项目科学评价方法

矿产资源并购项目评价是在一定的理论指导下，运用科学评价方法对不同评价内容实施的项目评价，其评价方法包括：

(1)层次分析法

层次分析法，简称 AHP，是指将与决策有关的元素分解成目标、准则、方案等，在此基础之上进行定性和定量分析的决策方法。该方法是美国运筹学家匹茨堡大学教授萨蒂于 20 世纪 70 年代初，在为美国国防部研究"根据各个工业部门对国家福利的贡献大小而进行电力分配"课题时，应用网络系统理论和多目标综合评价方法，提出的一种层次权重决策分析方法。

层次分析法把复杂的问题分解为各个组成因素，将这些因素按支配关系分组形成有序的递阶层次结构，通过两两比较的方式确定层次中诸因素的相对重要性，然后综合人的判断以决定决策诸因素相对重要性的总排序。层次分析法的基本原理是根据所解决的问题的基本性质和要实现的总目标，把问题分解成几个不同的组成因素，根据因素间的基本属性和它们相互间的相关性，将因素按照不同的层次聚集组合，形成一个多层次的分析结构模型，最终使问题归结为最低层相对于最高层(总目标)的相对重要权值的确定或者相对优劣次序的排序。层次分析法的特点是具有实用性、系统性、简洁性。

(2)类比法

类比法实质上是一种经验性的方法，其主要是利用对已知区(研究程度相对较高的地区)的深入解剖研究所取得的有关认识或已经经过验证的评价结论，去类比成矿地质条件相似的待评价区(工程程度相对较低的地区)的有关问题，从而得出评价结论的方法。

类比法是所有评价方法中使用简便、易行、见效快的一种方法，目前在地质评价工作中得到了广泛的应用。此方法特别适用于矿产勘查工作程度较低的地区或矿床以及受技术条件限制而研究难度较大的地表深部的成矿前景评价工作。由于类比法是建立在相似理论基础上的一种推断，受评价者的经验及主观因素影响较大，因此在使用时对此应特别注意。在具体应用中，类比的内容可以是多方面的，如成矿地质特征、物理化学环境、矿床工业类型、矿化信息等，但为了提高类比的可靠性，应尽可能采用综合的类比，即用模式类比。另外，要注意分析评价区的具体成矿特征，以及建模区(已知区)和评价区成矿地质特征上的差别对评价结论的可能影响。

(3)趋势外推法

此方法立足于矿床(体)的已知特征，据矿床(体)有关特征的自然变化趋势从已知地段外推相邻未知地段内的有关成矿特征。

趋势外推法是地质评价，特别是进行成矿前景评价中应用较早的一类较成熟的方法，在一般情况下，所得结论的可信度较高。该方法使用简便、直观，目前在大比例尺的成矿预测，特别是矿体定位预测中得到了较广泛的应用。在具体应用中，根据所依据的外推参数不同，可至少分为矿体外部特征变化趋势外推法、矿体内部特征变化趋势外推法、成矿物化条件变化趋势外推法、控矿因素趋势外推法、预测标志变化趋势外推法、成矿规律趋势外推法等六种方法组。

趋势外推法所依据的理论基础是惯性理论。因此，在使用本类方法时应注意的事项是：必须是在起点真实的基础上，严格地按照变化趋势进行有限的外推；外推时应考虑到后期地质作用改造的影响。

（4）归纳法

归纳法立足于对具体对象作深入、具体的分析，通过对本地区或某一具体矿床的成矿地质条件的深入研究，总结成矿规律，进而对成矿前景做出科学评价的方法。

归纳法是评价工作中经常用到的一类方法，在工作全面深入、细致、分析合理的前提下，所得结论往往比较正确。该方法无论是在地质研究程度较高的已开发项目还是研究程度较低的新开发项目都有广泛的使用前景，并且是应用类比法的基础，类比中所应用的各种模式都是通过对已知区域成矿特征的归纳、总结才建立起来的。应用归纳法时应重视已有成矿理论的指导作用，并注意总结新的成矿理论及建立相应成矿模式等以指导相似地区的矿产资源评价工作。

（5）求异法

求异法是以求异理论作指导，从分析、总结研究对象的异常特征入手，进而利用研究对象的某种异常特征对其可能的成矿前景及规模作出科学评价的方法。

求异法也是矿产资源评价中经常用到的一种方法，如通过物探异常和化探异常对矿产资源进行评价等，但真正明确地将其作为一类基本方法来使用则得益于地质异常致矿理论（即求异理论）的提出及普及。自赵鹏大院士（1991）提出地质异常的概念以来，利用地质异常进行预测评价正逐步形成一种新的思维评价方法，并在实践中逐步得到推广应用。需要指出的是，严格地说，求异法应属归纳法的一种，因为科学的归纳本身就包含着求同及求异两种途径。具体的求异法可以分为地质异常评价法、物探异常评价法、化探异常评价法等。

（6）回归分析法

回归分析（regression analysis）是确定两种或两种以上变量间相互依赖的定量关系的一种统计分析方法。回归模型的建立要求因变量是随机的，而自变量不是随机的，是给定的数值，自变量与因变量之间呈直线关系，可用 $Y=a+bX$ 和 $Y=a+b_1X_1+b_2X_2$ 来表示一元及二元回归。

在矿产资源评价过程中，多方面的技术评价均使用到回归分析法，如选矿回归模型的建立是假设自变量与因变量均呈直线关系，通过对已有的选矿指标数据的统计，确定矿石原矿品位、精矿品位和回收率之间的变量关系，得到回归方程式。在资源评价项目中，根据评价项目的品位情况和提供的选矿指标数据，建立回归方程式，为矿产资源并购项目评价的经济性计算提供依据。国外在矿产资源评价过程中亦大量使用了该方法，如澳大利亚阿维贝雷、澳大利亚FOX等资源项目评价精矿品位与回收率之间的关系时均有采用回归分析法进行选矿指标分析。

(7)类比分析法

类比分析法是利用与拟建项目类型相同的现有项目的设计资料或实测数据进行工程分析的方法。是工程分析中常用的方法，也是定量结果较为准确的方法。在评价时间允许、评价工作等级较高、又有可参考的相同的或相似的现有工程时，应采用此法。

(8)因素敏感性分析

因素敏感性分析分为单因素敏感性分析和多因素敏感性分析。单因素敏感性分析是项目不确定性分析的一部分，敏感性分析对于任何项目都是相同的，即对某个敏感性因素，如销售量发生变化是对项目的主要赢利指标内部收益率等的影响。多因素敏感性分析是指在多个敏感性因素同时发生变化时对项目的主要指标的影响。

(9)概率分析

概率分析是使用概率预测分析不确定因素和风险因素对项目经济效果的影响的一种定量分析方法。其实质是研究和计算各种影响因素的变化范围，以及在此范围内出现的概率和期望值。

概率分析主要应用在项目的经济评价，通过研究各种不确定性因素发生不同变动幅度的概率分布及其对项目经济效益指标的影响，对项目可行性和风险性以及方案优劣作出判断的一种不确定性分析。项目经济评价工作决定着整个项目的实施与否，同时决定着项目今后的运营结果，这些都是一个项目可行性研究报告的必备内容。

## 2.3　本章小结

本章主要从西方矿产资源并购活动产生根源和动机的角度对矿产资源并购理论进行论述，同时随着发展中国家对外投资、并购项目的不断增长，在原有的投资格局的基础上，孕育出以跨国投资为研究方向的发展中国家的矿产资源并购理论，由于矿产资源项目评价的特殊性，针对矿产资源并购项目涉及的技术理论进行了简要说明，在此基础上对矿产资源的科学评价方法从九个方面进行了论述，力求使矿产资源并购项目评价做到有据可依，有理可查，使评价工作的实施更具科学性。

# 第3章 矿产资源并购项目评价流程

矿产资源并购项目评价从经济发展和生产布局的角度出发，在现代科学技术基础上，根据技术条件综合论证矿产资源项目开发利用的可能性、方向和经济合理性，为因地制宜、发挥地区优势和实现生产力的合理布局提供依据。充分而正确地评价矿产资源项目，为实现合理生产布局提供科学依据，是矿产资源研究的一项重要内容。

## 3.1 矿产资源并购项目评价原则

矿产资源并购项目评价原则是调节评价主体与资产业务有关权益各方在资产评价中的相互关系、规范评估行为和业务的基本准则。除应遵守一般资产评价中的客观性原则、公正性原则外，还应遵循如下原则：

（1）目的性与系统性相结合

不同的生产部门和生产布局对矿产资源的要求不同，而不同的矿产资源对生产的意义和作用亦不相同。因此，要从经济发展方向和生产布局的要求出发进行评价。在筛选确定每一个单项评价内容时，需要考虑该内容在整个评价体系中的地位和作用。根据它所反映的特定研究主体和研究对象的性质和特征，确定评价的口径、范围和含义。同时，要注意评价体系内部的逻辑关系，不要对评价内容进行杂乱无章的罗列，而应从研究对象的多个层面、角度全面进行考虑，综合反映矿产资源开发整合之间的关系和内在规律。

（2）全面性和重点性相结合

全面综合分析，突出主导因素。既看到有利方面，又评价到不利方面；既考虑经济效益，又兼顾社会效益和生态效益；既对矿产资源的单要素进行评价，又在此基础上根据各类工序间的联系和影响、时空分布与组合特点进行多因素综合评价，从中找出对特定的生产部门和地区经济发展与布局影响的主导因素，并进行重点评价。

（3）普遍性与特殊性相结合

实施矿产资源并购项目评价，既要考虑一般项目的并购评价指标，也要考虑具体项目的特殊评价指标，从经济发展方向和具体生产部门布局的实际要求出发，做到有的放矢，避免一般化；实现评价项目的普遍性和特殊性相结合，保证评价工作的全面性。

（4）当前绩效与长远发展相结合

无论是评价指标，还是评价方法，都应该既能对当前的矿产资源开发利用进行客观评价，又能对矿产资源开发利用的未来发展产生推动作用。

（5）定量评价与定性评价相结合

定性分析是定量分析的前提和基础，进行矿产资源并购项目评价要采取定性和定量相结合的方式，定性评价的目的是确定矿产资源并购项目的性质、特点及各种因素之间的相关性，在此基础上设置变量、建立模型、处理数据，进行定量分析。通过定性定量相结合的评价方法才能科学合理地评价矿产资源并购项目当前和预期的业绩。

（6）技术评价与经济评价相结合

矿产资源并购项目必须在技术可行性的基础上论证项目经济性。社会生产力发展水平、矿产资源本身的质量和经济地理条件、国家政策等，往往是影响开发利用可行性和经济性的重要因素。

（7）利益最大化和环境协调发展相结合

追求利益最大化是市场经济的基本原则。对于不同的资产所有者来说，由于管理方式的不同、采选技术不同、有效利用程度不同，实现矿产资源资产的价值也就不同。评估时应以一定的技术管理水平、资产的最佳效用或收益为前提。同时矿产资源资产开发总是处于一定的自然与社会环境中，实施的过程必须与周围的环境相协调。

## 3.2 矿产资源并购项目评价依据

矿产品交易随着经济全球化而发展为全球性的经济活动，矿产企业呈国际化的发展趋势。矿产企业是以矿山资源为基础而建立的，矿山资源的质量决定了矿产品的开发研究成本和质量，也就决定了其所拥有的企业的未来发展状况和竞争力。然而矿山开发所涉及的前期的矿山勘查以及矿产选冶等活动均需要大量资本注入来支撑，因此国内矿产企业到境外上市以吸引国际投资和并购优质矿山已成为其提升全球矿业市场影响力，维持可持续发展最主要的发展措施。

无论是国际并购项目评估还是境外上市的矿权项目资源/储量核实，都需要遵循一定的国际准则。目前国际认可的主要标准为：澳大利亚 JORC 标准、加拿大 NI43-101 标准、加拿大 CIM 规范、南非 SAMREC 规范。

（1）JORC 标准

JORC 标准（Joint Ore Reserves Committee）由澳大利亚矿产理事会（MCA）、澳大利亚矿业冶金协会（AusIMM）、澳大利亚地质学家协会三家机构发起，得到澳大利亚矿业委员会和澳大利亚财务委员会支持，同时被澳大利亚证券交易所（ASX）和新西兰证券交易所（NZX）应用，于 1989 年出台了第一个版本后，又分别于 1999 年、2004 年和 2012 年修订更新，至今已被世界上绝大多数矿业公司使用，是关于澳大利亚发布勘查结果、矿产资源和矿石储量的最低准则、建议和指南的一份规范。

近几年 JORC 标准的不断修订改进也使得其与国际化特征相匹配，最新 JORC 标准的改动使得公司无法选出对自己有利的最佳信息，不会避重就轻来误导投资者，而报告标准化改动使投资者容易比较不同公司之间的结果或储量报表。其中"if not，why not"使公司需对自己不发表的信息做出合理的解释，使报告具有透明性和公开性特点。JORC 标准也要求其需着重披露能影响公司证券价格的信息如矿化作用类型等。

JORC 标准也涉及了独立资格人（Competent Person-CP），独立资格人需经行业协会批准和认可，受到澳大利亚股票交易所和行业协会双重监督。只有独立资格人签字的矿物资源量、矿石储量等报告才会被澳大利亚股票交易所认可。

（2）NI43-101 标准

NI43-101 标准，即加拿大矿产项目披露标准（National Instrument 43-101

Standards of Disclosure for Mineral Projects），是由加拿大采矿、冶金和石油协会（CIM）于 1996 年采用与 JORC 分类标准相同的定义和分类，并由加拿大证券委员会（CSA）于 1998 年以国家法律文件（National Instrument43-101）形式予以公布，于 2001 年 2 月正式生效的国家行政法规，明确规定了评估人员的资质、权利、义务以及信息披露方的权利、义务及技术报告的形式、内容、矿产资源储量的定义。

（3）加拿大 CIM 规范

加拿大采矿、冶金与石油学会（CIM）于 1996 年 9 月发布了《资源与储量分类：类别、定义和指南》，由 CIM 储量定义特设委员会编写的这份报告，目前在加拿大已被广泛用于对资源和储量进行分类时的参照标准和体系。自该报告发表以来，已由国际采矿与冶金学会理事会（CMMI）发起召开了几次会议，以求制定出一套能与澳大利亚、加拿大、英国、南非和美国所用的相类似的资源储量分类定义体系。CIM 是 CMMI 的成员单位之一，加拿大 CIM 储量委员会发表了以国际 CMMI 规范的定义为基础的修改草案，并与澳大利亚 JORC 规范紧密协调。

（4）南非 SAMREC 规范

N143-101 标准在很大程度上影响了美国和南美洲，JORC 规范则更大程度上影响了非洲、欧洲和亚洲。SAMREC 规范在相当程度上基于 JORC 规范的理念更新，2000 年 3 月，南非整个矿业和法律机构都采用了南非报告矿产资源和矿产储量新规范，即 SAMREC 规范。在南非的矿业公司和在约翰内斯堡股票交易所上市的公司必须遵守 SAMREC 规范。该规范包括国际 CMMI 规范对矿产资源和矿产储量的定义。与其他国家的规范一样，南非的规范也有一些特殊的要求，例如对南非称职人员认定的条件。SAMREC 规范主要框架性内容除保留 JORC 规范的整体结构外，还增加了部分关键性专业术语的解释，以更有效减少应用过程中的歧义性理解；N143-101 标准是定位在法律层面的，而 JORC 规范则定位在技术层面，SAMREC 规范整体上仍然立足于技术性规范，但相比较 JORC 规范，增加了部分法律层面的内容，SAMREC 规范允许对引用其他 CP 的成果予以免责，该免责的程度与 JORC 规范体系中的执行要求大体保持一致。目前，NI43-101 标准不允许这一程度的免责，SAMREC 规范巧妙地定义了实际执行过程中的资源量级别精度要求。考虑到资源量的不确定性特点，资源量的精度要求一直没有在相应技术规范中明确，SAMREC 规范首次在这方面做了尝试。

在国际标准不断完善的同时，国内在规范资源领域方面也逐步建立了相对完整的体系。目前，我国最重要的也是自然资源部管理的两大领域——土地和矿产资源领域，形成的国土资源标准体系框架如图3-1所示（国土资源标准化研究中心等，2000），分为横向结构和纵向结构，在横向上分为土地资源、国土资源信息化和地质矿产三个子体系，反映了标准体系覆盖的范围。纵向结构由土地资源、国土资源信息化和地质矿产三个子体系构成，其中既包含技术标准、又包含管理标准，子体系划分的方式有的是按照专业划分，有的是按照业务工作领域划分，反映了标准之间的层次关系。

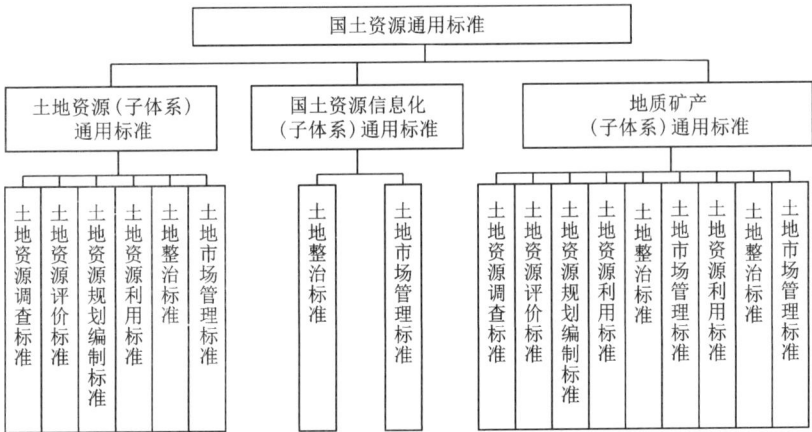

国土资源通用标准
├─ 土地资源（子体系）通用标准
│   ├─ 土地资源调查标准
│   ├─ 土地资源评价标准
│   ├─ 土地资源规划编制标准
│   ├─ 土地资源利用标准
│   ├─ 土地整治标准
│   └─ 土地市场管理标准
├─ 国土资源信息化（子体系）通用标准
│   ├─ 土地整治标准
│   └─ 土地市场管理标准
└─ 地质矿产（子体系）通用标准
    ├─ 土地资源调查标准
    ├─ 土地资源评价标准
    ├─ 土地资源规划编制标准
    ├─ 土地资源利用标准
    ├─ 土地整治标准
    ├─ 土地市场管理标准
    ├─ 土地资源利用标准
    ├─ 土地整治标准
    └─ 土地市场管理标准

图3-1　国土资源通用标准框架（国土资源标准化研究中心，2000）

（1）法律法规

矿产资源法律体系是国土资源法律体系的重要组成部分之一，是对我国领域及管辖海域的矿产资源进行管理、勘查、开发利用、保护等的法律规范的总称（图3-2），中国目前已经建立了以《宪法》为基础，以《矿产资源法》（简称"矿法"）和相关法律法规为基本内容的矿产资源法律体系。

我国现行的矿产资源法律体系大体可以分为四个层次，即宪法、矿产资源管理单行法律（即《矿产资源法》）、矿产资源行政法规和地方性法规、矿产资源部门规章和地方规章，此外，还应包括对矿产资源法律的立法解释、司法解释、行政解释等。

我国矿产资源法律体系下有若干法律制度，主要包括矿产资源国家所有、矿产资源有偿使用、矿业权有偿取得、矿业权有序流转、矿产资源开发的行政管理、矿地使用、矿业税费、战略储备等。其中《矿产资源勘查区块登记管理办法》《探

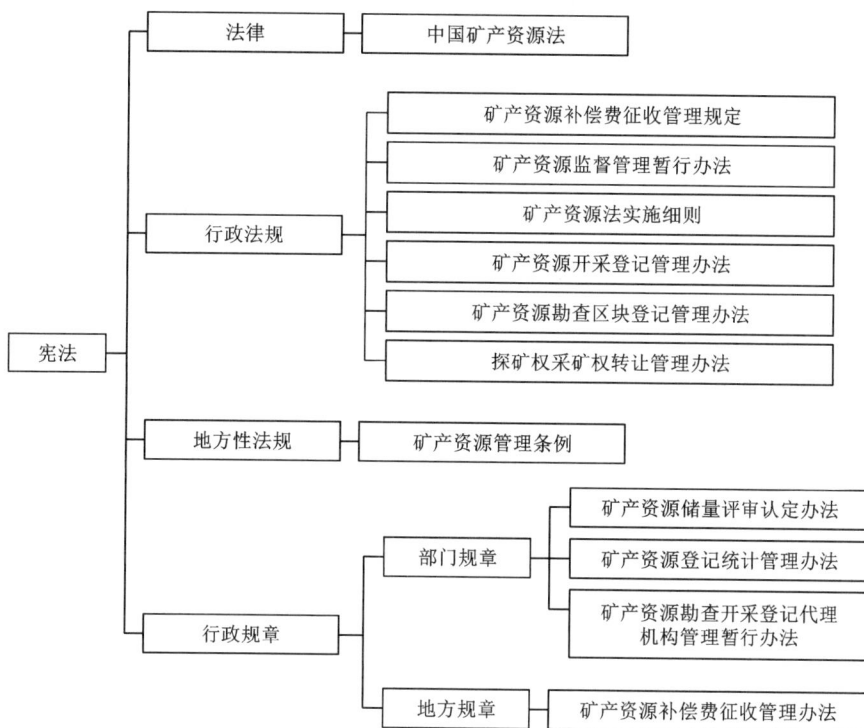

**图 3-2　矿产资源法律法规体系**

矿权采矿权转让管理办法》《矿产资源开采登记管理办法》这三部法令的出台规范了探矿权和采矿权的转让和得失制度，并且决定了这两种权利的所属性。

矿产资源法律体系的建立以及一系列具体法律制度的设立为我国矿产资源的依法管理奠定了基础。

（2）标准和规范

标准可按适用范围、约束性和性质等进行分类。

按照适用范围将标准分为三类：一是国家矿产勘查技术标准和规范，由国务院标准化行政主管部门颁布，如《固体矿产地质勘查规范总则》（GB/T 13908—2020）等；二是行业协会矿产勘查技术标准和规范，如《铜、铅、锌、银、镍、钼矿地质勘查规范》（DZ/T 0214—2020）、《岩金矿地质勘查规范》（DZ/T 0205—2020）；三是企业标准和规范。

①国家矿产勘查技术标准和规范

基础性地质技术标准：如固体矿产勘查原始地质资料编录，包括各类地质记录表格的格式、固体矿产勘查报告格式(封面、附图、图签的样式尺寸都有统一规定)。这些是原地质矿产部的部颁标准。

矿产勘查技术标准:如固体矿产地质勘查规范总则,是国家质量技术监督局颁布的国家标准。矿产地质勘查规范对勘查各阶段的目的任务、勘查地质研究程度、勘查控制程度、勘查工作质量要求、矿产勘查资源/储量分类及类型条件、矿产资源/储量计算都有明确要求。

勘查技术方法规范:这类规范的特点是数量大,分类细。如物探中使用的地面高精度磁测方法、时间域激发极化法等使用的规范,都属于全国统一的部颁技术规范。

除外资勘查企业外,国内大量的矿产勘查投资者,也使用现行的统一的勘查技术标准和规范。

②行业协会矿产勘查技术标准和规范

为了保障矿产勘查公众投资者的利益,规范矿业权转让的矿产勘查市场秩序,建立交易的共同语言,降低交易成本,由行业协会组织制定矿产勘查的行业技术标准和规范。由权威的行业协会制定的标准和规范,为证券交易所、证监委、投资公司、银行所接受。

③企业矿产勘查技术标准和规范

对于大型矿业公司和非上市公司,具有丰富的技术经验且矿产勘查的风险由公司承担,公司在遵循国家、行业规范的基础上,自行确定某类矿产勘查技术标准和规程。

## 3.3  矿产资源并购项目评价流程

随着工作的不断深入、评价经验的逐步积累,我们建立了相对完善的矿产资源并购项目评价体系,在明确评价内容的基础上形成了标准化、规范化流程,保证整体工作的有序开展。矿产资源并购项目评价流程主要分四个阶段:初选阶段、评价阶段、尽职调查阶段和综合评价阶段(图3-3)。不同阶段对应不同的评价内容。

(1)项目初选阶段

初选阶段主要确定并购战略,完成并购目标搜寻,利用网站信息、公开资料,说明合作方基本情况,评价合作方信誉、实力及合作意图。依据结果判定下一步工作推进与否。

（2）评价阶段

评价阶段以技术、环境、经济、风险评价为主，该评价阶段是通过技术手段明确并购项目的矿产资源开发利用水平，再结合外部环境条件、现有的采选冶工艺流程评价项目的经济性、风险性。

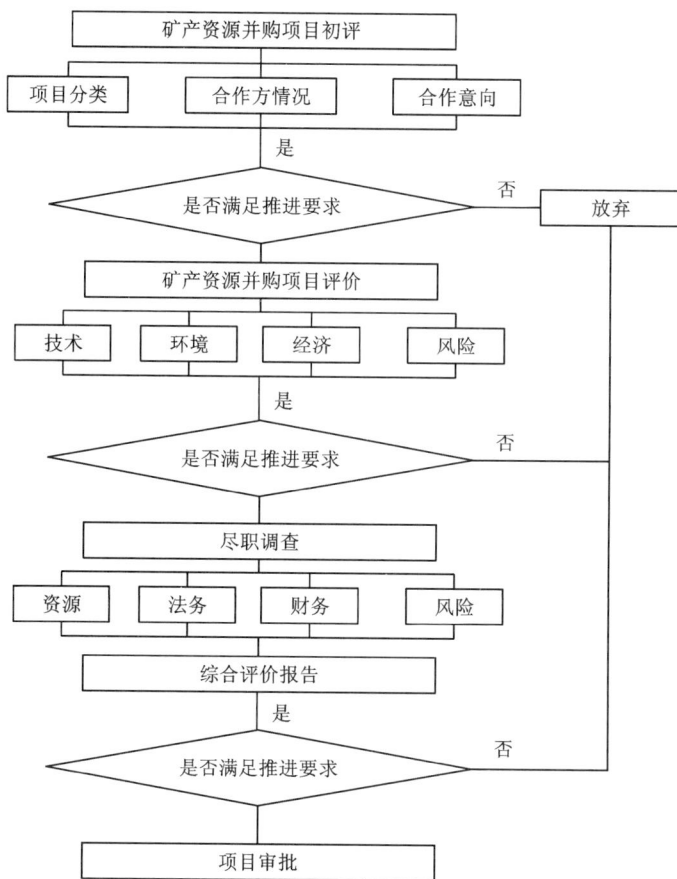

图 3-3　矿产资源并购项目评价流程图

（3）尽职调查阶段

评价阶段后的实施工作主要依据收集的并购项目资料和现有工艺技术展开，在评价过程中由于矿产资源项目投资大、风险大等特点，在评价完成后需要进一步对评价阶段的关键问题及存疑问题实施尽职调查，尽职调查是企业并购程序中最重要的环节之一，也是企业规避风险的重要措施，调查过程中通常利用地质、采矿、财务、税务方面的专业经验与专家资料，形成独立观点，用以评价项目优劣，为管理层决策提供支持。

（4）综合评价阶段

综合评价阶段是依据矿产资源并购项目评价结果，在项目基本可行的基础上实施以资源核查为核心的项目尽职调查，结合尽职调查及风险评估，对整体项目实行综合性评价后提交评价报告。

# 3.4  矿产资源并购项目各阶段评价要求

## 3.4.1  初选阶段

初选阶段及项目准备阶段是并购活动的开始，为整个并购活动提供指导。准备阶段包括确定并购战略，搜寻并购目标，利用网站信息、公开资料，说明合作方基本情况，评价合作方信誉、实力及合作意图。

（1）确定并购战略

企业应谨慎分析各种价值增长的战略选择，依靠自己或通过与财务顾问合作，根据企业行业状况、自身资源、能力状况以及企业发展战略确定自身的定位，进而制定并购战略。并购战略内容包括企业并购需求分析、并购目标特征分析、并购支付方式选择以及资金来源规划等。

（2）并购目标搜寻

基于并购战略中所提出的要求制定并购目标企业的搜寻标准，可选择的基本指标有行业、规模和必要的财务指标，还可包括地理位置的限制等。而后按照标准，通过特定的渠道搜集符合标准的企业。最后经过筛选，从中挑选出最符合并购公司要求的目标企业。

对潜在标的企业可参考的筛选标准：

①上市公司已确立的并购战略；

②上市公司业务的潜在增长点，可能产生协同效应的方面；

③上市公司自身管理能力；

④上市公司可作为并购对价的资源。

分析潜在标的与企业并购战略的契合度时，可参考标准：

①标的企业所在行业规模和竞争状况；

②标的企业的市场份额；

③标的企业现有盈利水平和利润预测；

④标的企业的股权结构和所有权性质；

⑤标的企业资产负债状况；

⑥标的企业所有者和管理层的声誉；

⑦标的企业的出售动机和预计售价；

⑧标的企业主要客户群体；

⑨标的企业拥有的知名商标、先进技术、特许经营权、难以复制的经营模式等无形资产情况；

⑩标的企业及其主要市场的地理位置。

目标公司为了促成并购项目成功，一般需向并购方提供必要的资料，披露公司的资产、经营、财务、债权债务、组织机构以及劳动人事等信息，如果遇到恶意并购或者目标公司披露信息不真实就会对另一方造成较大的法律风险。所以，在并购的前期准备阶段，建议并购双方签订独家谈判协议，就并购意向、支付担保、商业秘密、披露义务以及违约责任等事项进行初步约定（收购方为上市公司，应特别注意对方的保密及信息披露支持义务），这样既可避免并购进程的随意性，又在并购前期谈判破裂的情况下保障了并购双方的利益。

针对并购方情况重点调查目标公司的股东状况和目标公司是否具备合法的参与并购主体资格；目标公司是否具备从事营业执照所确立的特定行业或经营项目的特定资格；审查目标公司是否已经获得了本次并购所必需的批准与授权（公司制企业需要董事会或股东大会的批准，非公司制企业需要职工大会或上级主管部门的批准，如果并购一方为外商投资企业，还必须获得对外经贸主管部门的批准）。目标企业的性质可能是有限责任公司、股份有限公司、外商投资企业或者合伙制企业，不同性质的目标企业，对于并购方案的设计有着重要影响。

尤其要注意：目标公司及其所有附属机构、合作方的董事和经营管理者名单；与上列单位、人员签署的书面协议、备忘录、保证书等；动产、不动产、知识立权状况，以及产权证明文件；目标公司主要管理人员的一般情况；目标公司的雇员福利政策；目标公司的工会情况；目标公司的劳资关系等。

### 3.4.2 评价阶段

评价阶段主要对项目的地质资源、环境条件和风险、采矿、选矿、冶金工艺技术、经济性进行评价。

(1)地质资源评价要求

地质资源评价应结合现场考察、地质资料以及地质资源方面的标准，对项目资源的必要指标和可选指标进行资料和信息搜集与分析；说明地质资源基本情况；评价地质资源的可靠程度、矿石质量、资源前景、矿床规模及工业价值；对是否将项目推进至下一阶段做出分析，提出推进建议。

(2)环境条件评价要求

环境条件评价应结合现场考察，对项目的必要指标和可选指标进行资料和信息搜集与分析，主要考虑以下因素：

①供水、供电、交通情况；

②地形地貌条件、气象条件；

③其他基础设施、建筑及历史遗迹；

④文化、宗教信仰、工会劳工等问题对项目开发可能造成的影响进行评价。

⑤对当地的相关环境保护法律法规进行了解、掌握，明确项目是否位于环境保护区内。

(3)采矿工艺技术评价要求

采矿工艺技术评价分为两部分，一部分是在有关部门批准的矿产储量、品位和地质勘探总结报告的基础上，对详查类、勘探类项目进行采矿工艺的初步评价，提出是否推进建议；另一部分主要依据项目采矿技术资料，对矿山建设类、矿山生产类和矿山复产类项目的采矿技术必要指标和可选指标进行资料和信息搜集与分析。

(4)选矿工艺技术评价要求

选矿技术评价主要依据项目选矿技术资料，对详查类、勘探类、矿山建设类、矿山生产类和矿山复产类项目的选矿技术必要指标和可选指标进行资料和信息搜集与分析，说明选矿技术的基本情况和可行性。

(5)冶金工艺技术评价要求

冶金工艺技术评价主要针对红土镍资源项目或具有冶金工艺的项目。主要依据项目冶金工艺技术资料，对项目的冶金工艺技术的必要指标和可选指标进行资料和信息搜集与分析，说明冶金工艺技术的基本情况和可行性。

（6）经济性评价要求

经济性评价主要依据项目采矿、选矿、冶金的工艺技术参数和项目资料，要求采用现金流贴现法、同类交易比较法和同类公司比较法等评价方法，对详查类、勘探类、矿山建设类、矿山生产类和矿山复产类项目的经济可行性及投资可行性进行分析评价，说明项目经济可行性评价结果，提出项目投资可行性建议。

（7）风险性评价要求

风险性评价主要依据初选收集到的合作方资料以及评价阶段对技术、经济内容的评价结论，依据风险等级及风险处置原则对可能的风险点进行分析，并提出相应的规避措施。这也是实施下一步尽职调查的依据。

### 3.4.3　尽职调查阶段

依据前期评价结果，对项目中的存疑问题进行总结，对具有经济价值且关键点存在疑问的项目申请尽职调查进行现场核查。该阶段主要对真实性、合理性、可行性、可靠性进行核实。尽职调查对勘探阶段项目、建设阶段项目、生产阶段项目、复查项目的考察内容侧重点不同。

（1）勘探项目考察内容

①矿权：查验矿权证的有效性、时间、坐标范围、延期情况、矿权权益分配、矿权其他股东的权益类型（是否是干股）。

②资料收集：收集区域地质图、矿区地质、物化探、钻探、化验分析等资料，数据存储设备、数据收集程序、数据库、地质报告和其他开采、选矿、加工、外围条件报告及其他有关的资料。

③数据库全面性核查：核查工程量、坐标、方位、倾角、深度、样长、分析元素、岩石类型、说明等内容是否齐全。

④数据库真实性核查：包括工程位置校验；数据库的录入过程抽查（5%～15%）；核查原始编录资料是否齐全；核查原始记录与数据库对比确定录入是否正确、主要原始数据是否录入、数据收集程序是否规范；核查探矿工程、岩芯以确定原始资料正确性，即以编录资料与化学分析表单为依据，查看探矿工程与钻孔是否与记录相符，如岩性、采样位置与采样号、分析品位等。

⑤地表矿体界线核查：结合项目地形地质图、资源模型，选择代表性强的剖面进行地表踏勘，对比实测矿体界线与模型中矿体的界线。了解矿体界线的差

异，尤其是在高程相同时矿体的厚度、品位等的对应情况。

⑥抽样分析：选择主剖面中20%的钻孔。根据钻孔样品情况，抽取10%左右的检测样品重新检测分析，以确保化学分析结果的真实可靠，核对矿体的矿化地质特征和矿石品级特征。

⑦钻孔验证：设计3~5个验证钻孔（原则上距原有钻孔位置不大于1米，增加其可对比性），验证原勘探钻孔资料的可靠性及矿体的连续性。

⑧数据库独立性调查：勘探单位、基础地质技术工作承担人、分析单位、地质报告单位、其他技术工作承担人与业主是否相互独立，是否有相应资质，资质授予机构、资源量是否通过NI43-101、UNF、JORC、SAMREC等标准国际认证。

⑨外围条件：水、电、耗材来源；后勤补给地；资源潜力评价；构造环境：构造带、岩浆次火山活动、成矿带其他矿床规模与成矿模式；物化探异常预示；地表矿化露头规模与延伸；矿体三维控制情况、闭合情况；资源量升级可能带来的资源量减少或增加。

(2)可研、建设阶段项目考察内容（以国家标准执行）

可研、建设阶段项目主要考察可行性研究报告内容的全面性、真实性、独立性及采选工艺可靠性。按照相关矿种的矿山开采技术规范对采矿设计的主要技术问题（如品位、采矿方法、技术经济指标等）等进行评价，具体内容有：

①境界优化及可采储量的验证评价：评价所采用的边界品位、开采储量、矿石出矿品位、开采顺序的正确性，并提出有关建议；

②评价开拓方法、采矿方法、运输方式的适用性；

③采矿工艺指标参数的合理性评价：露天开采主要评价采坑的开采深度、最终边坡角、阶段高度、阶段坡面角、废石场选择的正确性，并提出有关建议；地下开采主要评价具体采矿方法的适用性等。

④开采工艺审核

包括审核穿孔、爆破、铲装、运输、废石排放设计的正确性，并提出有关建议；审查基建剥离量、基建进度、基建方法、矿石堆放设计的正确性和合理性，并提出有关建议；审查进度计划，年度采出矿石量、废石剥离量、出矿品位的可靠性和合理性，并提出有关建议；审查采矿设备选型、规格及配置数量的可行性，并提出有关建议；审查主要材料消耗量，水、电需求数量的正确性；审查人员编制的合理性；审查防洪、排水能力及排水设备选择的正确性；检查施工安全措施，检查施工进度，并及时提供改进意见；评价开采周期、生产规模、成本、初期投资以及损失贫化等主要技术经济指标的合理性。

⑤选矿工艺审核

对矿石加工处理的工艺流程、技术经济指标进行论证，具体审查内容有：评价矿石的矿物特性、处理工艺；评价各种选矿试验结论，对回收率进行核实；评价选矿工艺流程、主要技术参数；对材料消耗和成本进行核实；主要选矿设备的选择计算及选型配置；矿浆输送及尾矿库；识别并量化关于金属冶炼、配矿、选厂设计、选厂场地、产量和金属回收率方面的风险；选矿生产规模、主金属及主要伴生金属的选矿回收率、精矿品位、建设投资、运营成本等主要技术经济指标的合理性评价。

⑥基础建设情况

包括当地自然经济状况、基础设施以及基本建设条件(供水、供电、交通运输状况，建设施工能力、修配能力、劳动力资源、物资供应、生活条件和物价情况等)；外部运输系统能力、运输方案、运输协议；连接道路方案及其投资概况；超大、超宽设备运输方案与相关协议；码头吞吐能力、仓储能力及其协议。

⑦项目社区环保评价

评价项目涉及的主要环境因素，识别确认并指出所有与环境有关的风险因素，给出符合最佳环境管理的方案及相关建议；评价拥有的土地使用权是否满足矿山发展和基础设施建设的需要；评价项目涉及的主要社会因素，如搬迁、社区计划、征地计划等；可能影响该项目经济性的其他社区环境因素。

⑧资金来源

包括建设承包分包方式及协议；经济性分析建议；就项目经济性分析涉及的相关技术假设条件给出建议(包括产量、矿山服务年限、品位、回收率、运营成本和资本性投入)。

(3)生产阶段项目考察内容

①资料收集

收集露天开采终了图(比例1：1000~1：2000)，包括露天开采终了平面图，露天开采终了纵、横剖面图(可选有代表性剖面)；露天开采基建年年末平面图(比例1：1000~1：2000)，包括基建期逐年年末平面图、基建终了(投产年末)平面图；露天开采生产年年末平面图(比例1：1000~1：2000)，包括投产至达产年年末平面图、达产年年末平面图、计算年年末平面图；露天开采采剥方法图；露天矿汽车—破碎—胶带运输系统图；露天矿汽车-机车运输系统图，包括系统平面图、系统剖面图；露天矿防排水系统图（比例：1∶1000~1∶2000）；采场设计图、台阶推进图。

②现场生产状况核查

开拓运输情况核查：确定矿山使用的开拓方式（年采剥的矿岩总量、年矿岩运量），调查矿石的破碎方式及地点。

生产情况核查：矿床的开采情况（几个阶段，现设计中的最终开采境界）、现生产情况调查（同时工作面的数量）、清扫平台、运输平台等辅助性平台的布置。

采剥工作：确定采剥推进方式、采剥台阶工作面主要结构要素、同时作业台阶数量，确定采剥工艺、采剥过程中的防尘处理情况。

排土场建设情况：排土场的位置、离采场的距离、排土运输方式、排土场的容量。

生产能力确定：通过调查一个台阶能布置的挖掘机数量，确定使用的挖掘机的台年效率，以及使用时间和工作的台阶数量。

露天矿防排水：调查研究矿区气象、水文地质条件，确定采矿涌水量、露天开采防洪截水方式。

采矿成本：矿石品位、回采率、矿石贫化率、采矿主要物料消耗。

根据现场调查情况，结合可研报告中有关产能等有关数据、资料，综合分析可能达产、稳产的潜能、条件及存在的问题，提出对采矿工艺的合理性、生产能力达产的有利因素和不利因素、技术指标实现可能性的综合性意见。

③选矿厂、冶金厂核查

（a）核查文件资料、图纸及数据，包括选矿试验报告、冶金试验报告；建厂可行性研究报告；初步设计说明书；工程交工竣工图纸（主要是总图布置、工艺流程图、工艺配置图、土建结构、防腐、给排水、环保通风、电气、仪表、消防、非标设备图纸等技术资料）；交工验收报告、试投产方案；近一年的生产技术数据（原辅料供应情况、价格及质检报告、中间过程控制分析数据及原料成品分析、金属回收率、人员配置状况、设备运行状况、日投入与产出、金属平衡表）；设备、设施配置状况（固定资产原值、净值明细表），设备完好率、检修记录，设备技术档案；政策法律类文件（与矿产、冶金有关的如：矿产法、环保法、进出口关税、劳动法、税收管理法等）。

（b）核查选矿厂和冶金厂工艺流程

通过业主公司提供的文件资料，对现场和整个工艺流程进行考察，验证该公司是否积极针对所供应的原料状况采取先进的、技术可靠的、低环境污染的、高装备水平(根据国情而定)、节能环保的处理工艺流程。

(c)核查选矿厂和冶金厂主要设备、自动化程度

考察业主工厂目前在用生产设备现状、生产设备的可操作性、设备维护保养状况、设备自动化程度的高低、设备生产效率、可开动率、备用设备完好率。

(d)核查选矿厂和冶金厂所处外部环境

包括地理位置、气候、道路交通、水电供应等。通过实地考察、验证、资料收集,进一步详细验证选矿厂和冶金工厂所处的外部投资环境。

(e)核查选矿厂和冶金厂基础设施现状

基础设施主要包括:生活设施,供水、供电、供气、蒸汽供应(主要是煤、天然气、电等能源供应情况)、工厂道路和工厂内外部交通设施,仓储场地及设备,通信设施,污水处理及尾矿、废渣、废水、废气等排放处理、工厂绿化等环境保护、安全消防设施等。通过实地考察进一步验证选矿和冶金工厂基础设施现状。

(f)核查选矿厂和冶金厂选购和配置设备水平及运行现状

通过业主公司提供的文件资料和实地考察,进一步了解工厂的设备装备水平和运行现状,备品备件的供应及设备的维护、维修保养等方面的现状。

选矿和冶金工厂的原辅材料供应及生产用材料(钢材、非金属材料、化工材料、生产试剂、生产维护用工具等)供应现状。初步估算单位金属处理加工成本,根据提供的工艺处理流程,进一步了解原料(主要是矿石供应)、辅助化工材料的供应及价格,生产操作、维护、维修等的能力等情况。

(g)核查选矿厂和冶金厂的人员现状

主要了解工厂的人员构成,管理、技术、生产人员的文化、技能、水平现状,现场调查选矿厂、冶金厂的工艺流程、设备、自动化程度资料、基础设施现状,管理水平等现状,结合可研报告中有关数据、图件、物料供应等情况,综合分析选矿厂、冶金厂的未来发展及存在的问题,提出对选矿厂、冶金厂的综合评价意见。

(h)明确生产经营状况和下一步的生产计划。

(4)复产项目考察内容

复产项目在考察勘探项目内容的基础上,还需对可研报告情况、采选冶工艺、以往生产经营状况、停产原因及处理结果、复产投资情况及计划等方面进行核查。

## 3.4.4　综合评价阶段

综合性评价阶段主要是对资料、成本、潜力进行综合评价,是项目评价阶段

通过初期筛选到桌面评价再到现场尽职调查的总结性评价。

这一阶段的主要目的是全面揭示项目的可行性和项目存在的问题，在综合考虑所有因素的情况下核算整体项目成本。该阶段既是对前期工作的总结，也是开展后续工作的准备阶段，这一阶段重点对风险和成本进行考量，同时对项目资源潜力、开发环境等多项因素实施预测。

综合性评价阶段是结合初期评价阶段的评价成果以及资源核查的结果进行综合性考量，依据各阶段评价内容的评判结果指标、可选指标累计值及其权重因子，完成综合性评价报告。主要评价矿权情况、合作方情况、合作意向、地质资源、建设条件、项目风险、采矿工艺技术、选矿工艺技术、冶金工艺技术、经济性等内容，同时对于该区域的找矿前景进行评价（见表 3-1）。

表 3-1  找矿前景调查评价表

| 矿区名称 | | 坐标位置 | | 所属公司 | |
|---|---|---|---|---|---|
| 1 | 区域构造位置与成矿关系： | | | | |
| 2 | 区内构造与成矿关系： | | | | |
| 3 | 区内地层、岩浆岩、变质作用与成矿关系 | | | | |
| 4 | 前期勘查程度 | | | | |
| 5 | 前期勘查主要成果（找矿信息） | | | | |
| 6 | 成矿专属性 | | | | |
| 7 | 找矿前景评价结论 | | | | |

## 3.5  本章小结

本章在确立矿产资源并购项目评价原则的基础上，对矿产资源并购项目评价流程进行了阐述，将矿产资源并购项目评价分为四个阶段，即初选阶段、评价阶段、尽职调查阶段、综合评价阶段，通过对这四个阶段要求的论述实现矿产资源并购项目的有序性。

# 第4章 矿产资源并购项目评价内容

矿产资源并购项目技术评价工作涉及地质、采矿、选矿、冶金、经济等多个专业，通过规范各专业的评价内容和技术要求，结合科学的评价方法实现各专业之间的协作配合，通过综合分析项目的技术经济性，形成项目的技术评价报告，对项目的整体情况做出完整评价和项目推进意见，为是否推进项目提供技术支撑。

## 4.1 矿产资源并购项目技术评价内容

矿产资源并购项目评价主要对技术、环境、经济及风险四部分内容实施评价。技术是基础，环境是外部条件，经济性是核心，规避风险是目标。各评价间相互关联，相互影响，在评价过程中互相制约，互为消长，因此需要综合考虑(图4-1)。

技术评价主要是从技术层面对项目的资源、工艺技术可行性进行评价，环境评价主要是对项目的外部环境进行评价，经济评价主要是对项目的经济性进行评价，风险评价是对技术、环境及经济的风险进行评价。最后综合以上四个方面的评价结果对项目的可行性及风险进行综合评价。

技术层面主要涉及地质资源、采矿工艺、选矿工艺三方面内容，地质资源主要评价矿业权、勘查开发历史及现状、地质勘查程度、资源勘查质量、资源潜力；采矿工艺主要评价开采境界、采矿方法、生产规模、生产设备；选矿工艺主要评价选矿实验、选矿工艺、选矿规模、生产设备及尾矿库；环境评价主要涉及外部建设条件、自然环境、基础设施、社区环境四个方面的内容；经济层面主要从工程投资、财务效益、经济风险、综合评价四个方面展开；风险存在于整个并购项目的全过程，且在各个评价层面上都会存在风险，因此风险评价主要从资源、技术、环境、市场四方面开展。

在资源项目评价研究过程中，依据经验和行业的相关法律法规、技术规范标准、区域政策性文件，整理研究过往资源评价项目，收集相关技术参数，建立了一套有效的矿产资源并购项目评价体系，为矿产资源并购活动的开展提供较为全面的依据。

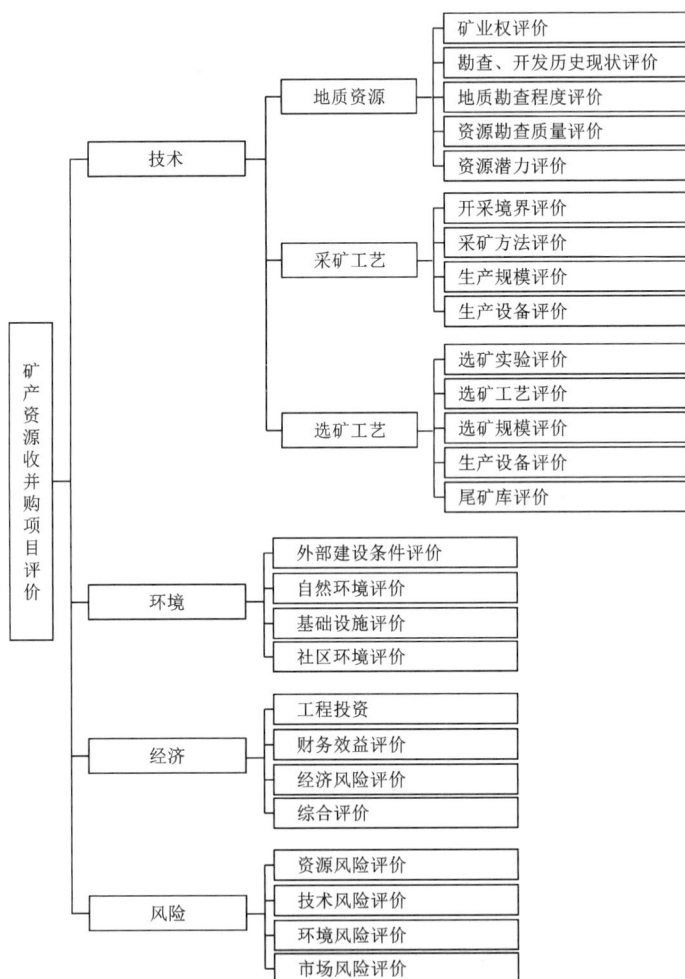

**图 4-1 矿产资源并购项目评价图**

## 4.1.1　矿产资源并购项目地质资源评价

地质资源评价主要是对地质条件的优劣、资源储量及品位的可靠性进行评价（图4-2）。

相对于矿产资源并购项目，地质条件的优劣直接影响到矿产资源勘探开发工作的进行。复杂或极端地质环境，开采风险更大，如在高寒、高海拔地区采矿，缺氧会造成设备、车辆动力衰减、运输困难；在地下水丰富地区如地下暗河或溶洞条件下项目的开发成本会加大，高成本会使项目的利润空间变小甚至无利可

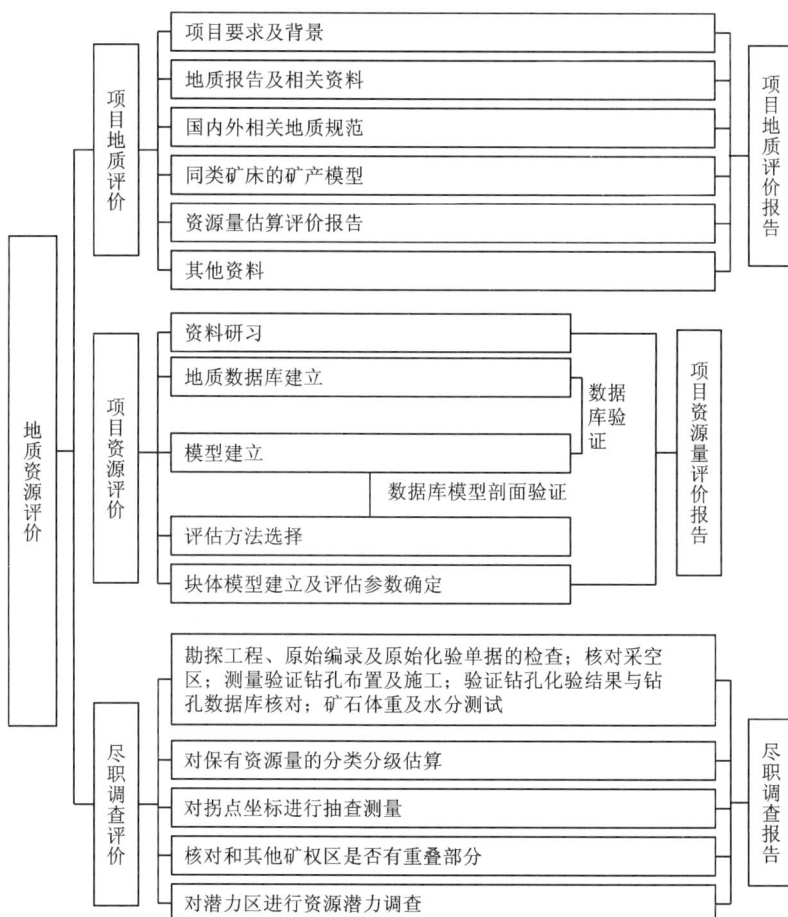

**图4-2　矿产资源并购项目地质资源评价内容**

图。因此，地质资源的赋存条件也是企业并购开发需考虑的风险因素。资源储量及品位的高低是矿产资源并购开发成败的关键因素，在项目开采技术条件和资源品位、开发和销售等基本确定的条件下，可初步估算出项目的盈利情况，但资源具有赋存隐蔽、成分复杂多变的特点，使不同国家和地区的资源品位相差很大，加大了投资的风险。因此在地质资源评价过程中需要对地质条件、资源储量品位的可靠性进行评价，以降低并购活动的风险。

地质资源评价是矿产资源并购项目评价的基础，是核实资源量的关键，尽职调查是对资源可靠程度的进一步验证。两者相互配合评价项目并购的可行性。

针对具体的并购项目，应依据国家《固体矿产资源/储量分类》《固体矿产地质勘查规范总则》等相关地质资源勘查规范，研究矿产资源项目一般遵循的资源/储量划分标准，如澳大利亚的 JORC 标准、加拿大的 CIM 标准和南非的 SAMREC 标准等，以矿产资源项目地质报告、基础数据、基本图件为研究基础，分析矿床类型、成矿条件、矿体圈连、资源量估算方法及结果、资源级别划分等主要反映地质矿产资源情况的因素，形成从项目资料、资源量估算、地质勘探程度评价、资源量估算可靠程度评价、找矿前景评价、项目存在的地质风险评价等一整套地质资源评价体系。

## 4.1.2 矿产资源并购项目采矿工艺评价

采矿工艺评价工作主要由采矿基础资料分析和评价、采矿工艺技术评价、采矿尽职调查三部分组成(图 4-3)。

采矿基础资料分析和评价是对项目资料的收集、整理、分析、评价，主要包括分析评价项目的开发利用方案设计书、可行性研究报告或初步设计书、银行级可行性研究报告是否齐全，深度能不能满足评价需要；了解矿产资源转让的原因，收集矿产资源的原始资料，设计、生产图件，已经消耗的资源量等数据；了解矿产资源已有工程现存状况，分析已有工程及设施在项目中的可利用情况等。评价报告是对项目所提供资料的充分性、可靠性、合理性等进行评价，初步判断项目采矿技术工艺是否可行。

采矿工艺技术评价是对资源项目进行更详细的采矿工艺技术研究，通过对可采储量大小，基本建设条件，采矿方法、开拓运输系统的合理性、可行性，矿山规模，矿山服务年限，技术经济参数的确定等内容进行评价，为资源项目的经济评价和决策提供技术依据。

　　采矿尽职调查阶段采取资料收集、业主咨询、现场考察三种方式开展工作，主要内容有基础资料收集核查；采矿条件调研，包括调研矿权范围、开采方式、开采范围、采矿设备、矿山环境；现场建设条件考察，即对现场供水、排水条件进行重点调查；采矿成本调研，包括采矿设备、采矿耗材以及复垦情况调查，包括对复垦工艺、复垦类型、复垦周期、复垦设备、当地政府对复垦的具体要求等进行调查。

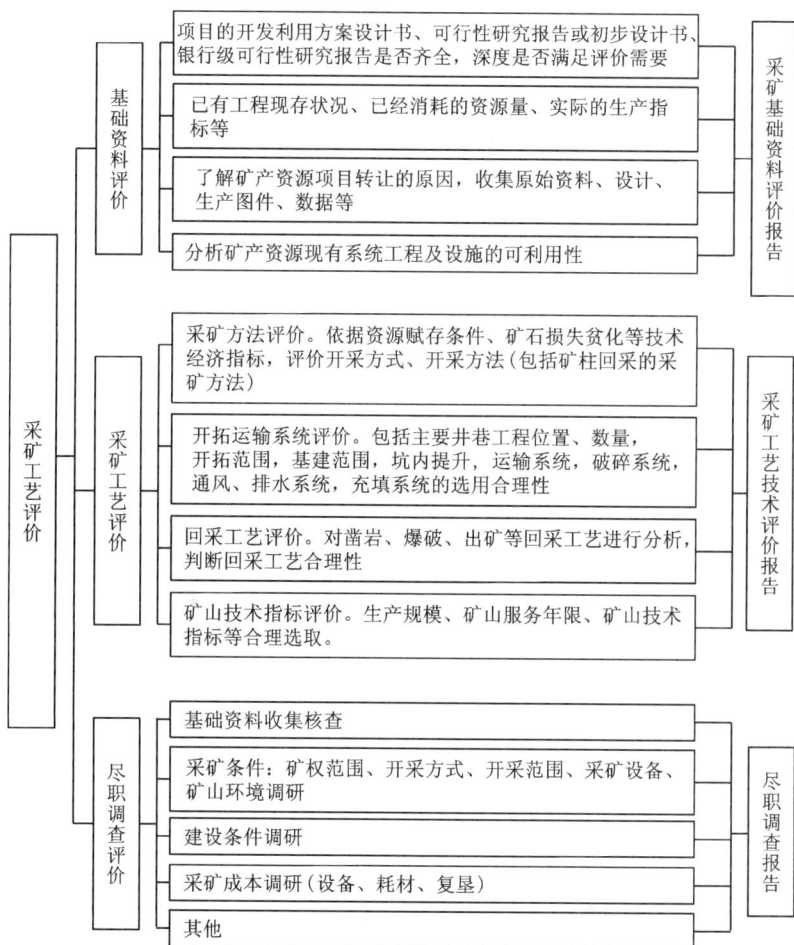

图 4-3　矿产资源并购项目采矿工艺评价内容

### 4.1.3  矿产资源并购项目选矿工艺评价

选矿工艺技术评价工作在资源并购项目评价中是不可或缺的一部分，选别指标的好坏、工艺流程是否可行以及合理的工艺流程设计等，对整个项目经济评价和最终决策有着举足轻重的作用。选矿工艺技术评价工作主要由选矿工艺分析和评价、选矿建设方案、选矿尽职调查三部分组成(图4-4)。

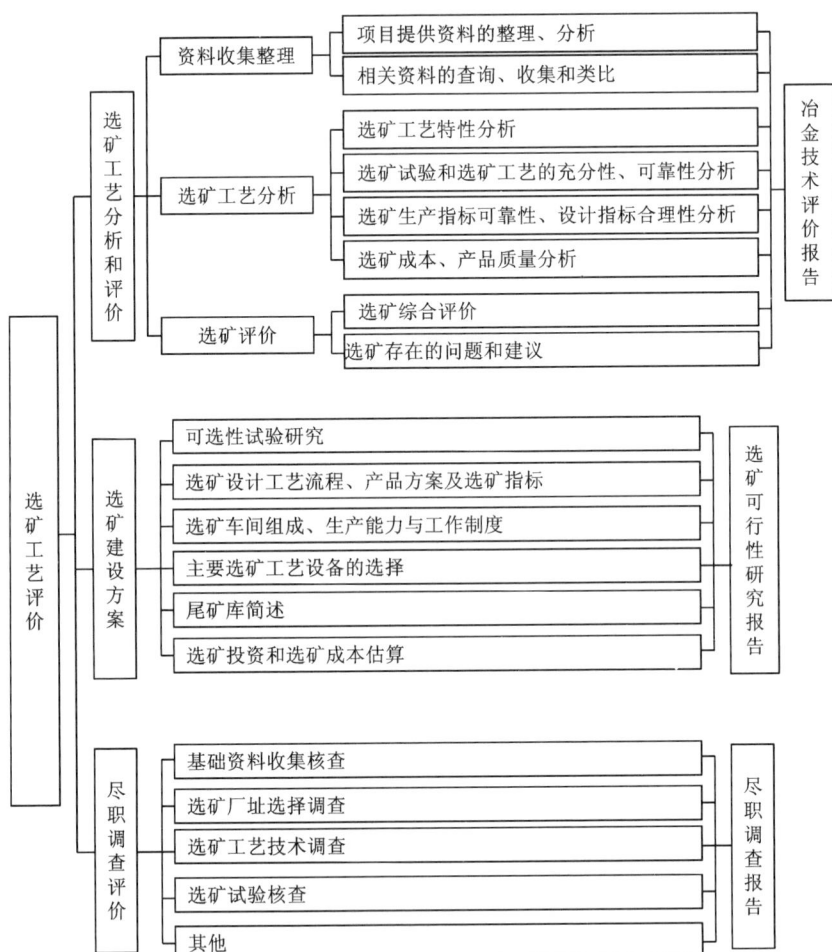

图4-4  选矿工艺评价内容

选矿工艺分析和评价是对已有的选矿资料和查阅的相关资料进行选矿工艺的对比分析，得到该资源项目的选矿技术评价报告，初步判断项目选矿技术工艺是否可行。

选矿建设方案是对资源项目进行更详细的选矿可行性研究，通过对选矿设计的工艺流程、产品方案、选矿规模、选矿指标、车间组成、工作制度和主要设备选择的分析和研究，并对选矿投资和成本进行估算，为资源项目的经济评价和决策提供技术依据。

选矿尽职调查阶段采取资料收集、业主咨询、现场考察三种方式开展工作，主要内容有基础资料收集核查，除对以往资料的收集外，还需对输送资料、设备资料信息等进行收集核查；厂址选择调查，明确矿山到选矿厂的高差、选矿厂到冶炼厂的高差、选矿厂与采场的距离；现场实地考察工艺技术调查、选矿试验核查等，具体调查内容根据实际情况而定。

## 4.1.4 矿产资源并购项目冶金工艺评价

冶金工艺评价是依据设计标准和项目地的安全环保等法律法规，通过对冶金工艺和建设方案等进行详尽的技术评价，准确地判断冶金工艺的可行性，主要内容包括冶金工艺分析和评价、冶金建设方案评价、现场尽职调查(图4-5)。

冶金工艺评价阶段的主要任务是依据项目资料的内容，对项目原辅材料和产品品种及特性、工艺流程的选择、技术指标和生产成本等内容进行对比分析，并根据相关法律法规和行业惯例判断其合理性和准确性，完成项目冶金工艺技术评价报告。

冶金建设方案评价阶段的主要任务是开展冶炼计算，选择合适的主辅设备，进行车间配置，根据冶炼生产过程的需要，合理布置公辅设施，按照环保要求处理"三废"，完成冶金工艺可行性研究报告。

冶金尽职调查阶段采取资料收集、业主咨询、现场考察三种方式开展工作。冶金尽职调查的主要内容有基础资料的收集核查，建设基础条件及经济建设规模、冶炼厂厂址选择的调查，冶金工艺方案适用性调查，原辅材料来源和运输方式的调查，尾料堆存调查，根据调查的结果编制现场考察报告。

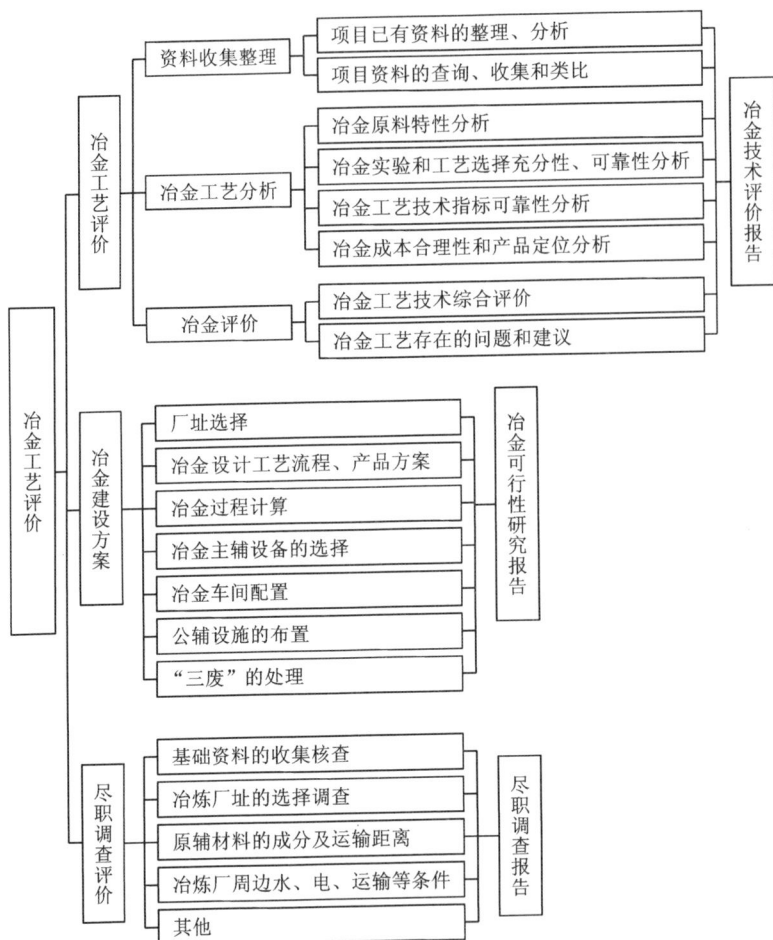

图 4-5 冶金工艺评价内容

## 4.2 矿产资源并购项目环境评价

矿产资源并购项目环境评价是评价项目是否可行的关键环节，针对项目首先充分收集工程地质资料、水文及水文地质资料、气象资料等，然后根据尽职调查资料进行环境评价。

环境评价主要包括建设条件评价、自然环境评价、基础设施评价、社区环境评价四部分内容，建设条件评价是环境评价的核心。

建设条件评价包括用地适宜性评价、建设条件具备性评价、用地经济性评价三个方面,其中建设条件具备性评价和用地经济性评价主要结合厂区总体布置(厂址选择)、厂区总平面布置两个方面进行(图 4-6)。

(1)基础资料收集

基础资料收集包括以下内容:

①工程地质条件:地质与地基承受力、地形条件、冲沟、滑坡与崩塌、岩溶、地震;

②水文及水文地质条件:水文条件、水文地质条件;

③气候条件:太阳辐射、风向、气温、降水与湿度。

(2)用地适宜性评价

用地适宜性评价是综合各项自然条件对用地质量进行评价的结果,具体要因地制宜、实事求是,紧密结合现场实际情况,特别是抓住对用地影响最突出的主导环境因素进行评价,评价类型如下:

一类用地,即适宜修建的用地,具体要求是:①地形坡度在 10.0% 以下,符合各项用地的要求;②土质能满足建筑物地基承载力的要求,土壤的耐压强度一般不小于 15 t/m²;③地下水低于建筑物、构筑物的基础埋藏深度;④没有被百年一遇洪水淹没的危险;⑤没有沼泽现象或采取简单的工程措施即可排除地面积水的地段;⑥没有冲沟、滑坡、崩塌、岩溶等不良地质现象。

二类用地,即基本上适宜修建的用地,具体要求是:①土质较差,地基需采取人工加固措施;②地下水位距地表面的深度较浅,需降低地下水位或采取排水措施;③属洪水轻度淹没区,淹没深度不超过 1.5 m,需采取防洪措施;④地形坡度较大,需要较大的土石方工程量;⑤地表有较严重的积水现象,需采取措施加以改善;⑥有轻微的活动性冲沟、滑坡等不良地质现象。

三类用地,即不适宜修建的用地,具体要求是:①地基承载力极低和厚度 2 m以上的泥炭或流沙层的土壤;②地形坡度 20% 以上;③经常被洪水淹没,且淹没深度超过 1.5 m;④有严重的冲沟、滑坡等不良地质现象;⑤农业价值很高的农田、具有开采价值的矿藏,属给水水源卫生防护地段,存在其他永久设施和军事设施。

(3)总体布置(厂址选择)评价

总体布置(厂址选择)要求选择两个或两个以上方案,进行对比分析,择优推荐。①确定厂址范围:建设厂址的选择应根据当地城市规划或工业发展规划,由甲方组织设计、勘测、建设等单位现场踏勘,搜集原始资料,并在多方案对比分析的基础上,提出选址报告或建议,报送甲方及相关单位审批;②确定厂址最后位置的比较方案，选择厂址时，除厂址唯一等特殊原因外，尽可能选择两个或两个以上方案，从厂址方案、技术经济两方面进行对比分析，经过优劣势对比及技术经济对比分析后，选择优势方案。

对比因素：①场地占地面积、自然条件、场地性质、地形和坡度、工程地质、水文地质、厂址环境质量情况；②厂址交通情况、总体布置情况；③厂址平整土石方工程量、防洪措施工程量、外部道路工程量；④排土场、尾矿库、炸药库的平面布置、运输距离、运输方式、道路运输系统；⑤厂区外部水、暖、电外部管网接入距离及管线费用。

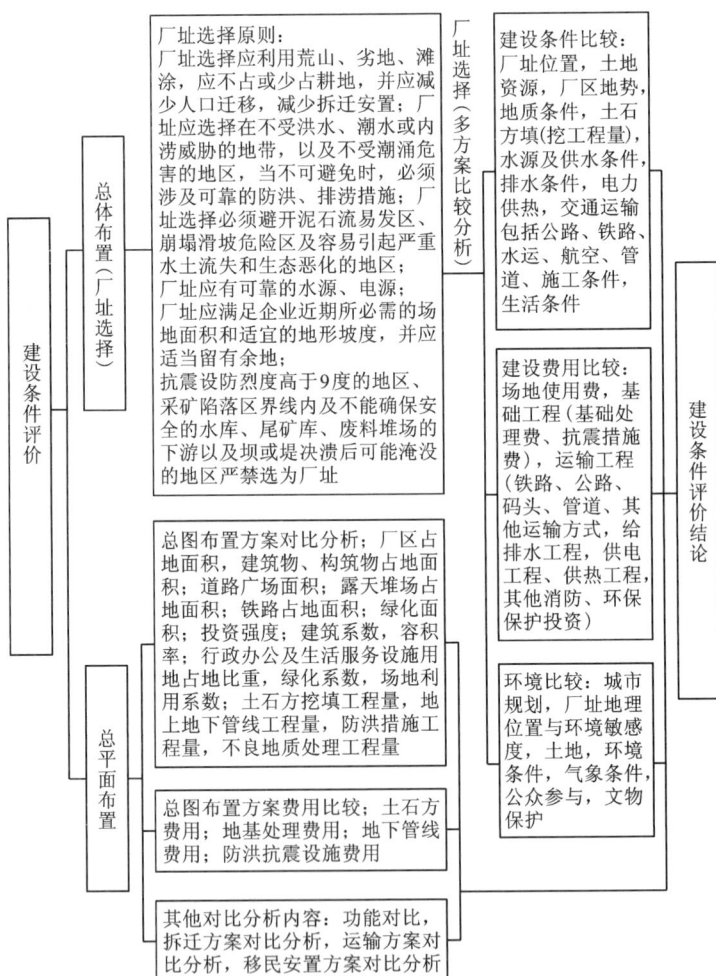

图 4-6　建设条件评价内容

④总平面布置评价

总平面布置：总平面布置要求选择两个或两个以上方案，从总平面布置方案、总平面布置费用方法进行对比分析，择优推荐。

## 4.3　矿产资源并购项目经济性评价

项目经济评价工作是资源项目技术评价的重点，技术经济评价遵循"前后对比、有无对比"原则，通过对拟建项目有关的工程、技术、经济、社会等各方面情况进行深入细致的调查、研究、分析，对各种可能拟定的技术方案和建设方案进行认真的技术经济分析和比较论证，综合研究项目在技术上的先进性和适用性，经济上的合理性和可行性。由此确定该项目是否应该投资和如何投资，或就此终止投资等结论性意见，为项目投资者和决策者提供可靠的科学决策依据(图4-7)。

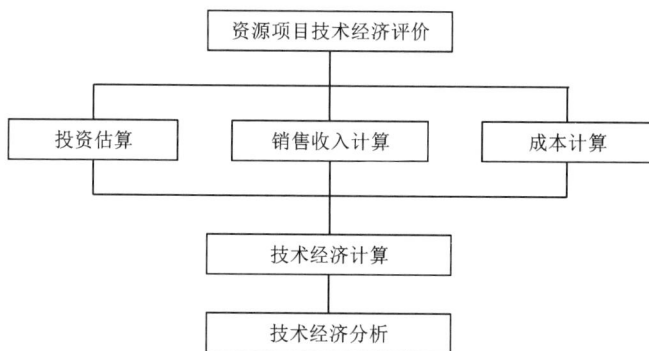

**图4-7　经济性评价内容**

(1)投资估算

项目的投资由工程直接费、其他费用、工程预备费、流动资金这四部分组成。工程直接费由采矿工程、选矿工程、尾矿工程、冶炼工程、辅助生产工程、公用系统工程等工程的投资组成，通常根据工艺专业人员提供的工程量进行建设投资估算，设备价值估算采用厂家询价或类似项目设备估价。工程预备费按照工程直接费与其他费用之和的一定比例计算。流动资金估算方法有分项详细费用估算法、经营成本资金率法、产值资金率法、流动资金定额估算法几种。

（2）技术经济评价流程

首先进行收入计算，项目收入由销售收入、项目营业外收入两部分组成。销售收入计算每个产品的销售收入并考虑各种税金；项目营业外收入计算除了主要产品的销售收入以外的其他收入以及城市维护和教育附加费用。

其次是对项目发生的成本进行详细计算，主要包括人员工资福利、资产折旧摊销、外购原辅材料费用、外购燃料、动力费用等。

完成以上工作后，开始技术经济评价工作的计算分析。分析内容包括财务评价汇总分析表、总成本费用估算表、营业收入营业税金及附加和增值税估算表、财务计划现金流量表、利润与利润分配表等。根据这些计算结果评价项目的经济性。

# 4.4 矿产资源并购项目风险评价

## 4.4.1 国内外矿产资源并购项目风险发展

（1）国内外矿产资源并购项目风险内容

国外投资项目风险主要为政治风险、法律风险、文化风险、市场风险、财务风险五类风险。

政治风险：随着我国经济持续快速发展，在"走出去"发展战略指引下，中国企业境外投资的步伐明显加快，中国正逐渐成为世人瞩目的新兴直接投资来源国，但与此相伴、亟待关注的是，中国企业在境外遭遇政治风险的频度和烈度也在大幅增高。仅在 2011 年发生的利比亚内战中，中资企业损失惨重，合同金额损失高达 188 亿美元左右，中国不得不从利比亚紧急撤侨 3 万余人。此前，类似的境外投资利益受损案例多次出现，因此，加强对政治风险的防范已成为当前中国境外直接投资企业刻不容缓的紧迫任务。中国企业境外投资面临的政治风险主要有：①内部政治风险。内部政治风险来自东道国内部，包括战争和动乱风险、征收风险、政治歧视风险、劳工权益风险。②外部政治风险。在经济全球化背景下，国际经济与政治因素相互交织，国际环境趋于复杂化，企业面临的外部政治风险也日益复杂，包括外交风险、第三国干预风险、国际经济风险。

法律风险：由于资源国的矿业投资政策与我国的政策可能存在较大差异，我国企业在海外从事矿业投资时，可能会由于不熟悉资源国的各种政策而产生风险。投资者只有在健全的法律环境中，才能增加对矿产资源勘查的投资力度，因此法律条款也是影响投资风险的一个因素，国外矿产资源项目的法律风险主要由于缺乏对国外法律体系的了解，在处理相关事务时往往采取中国式的理解方式看待境外问题，导致投资中的失误。因此我们到资源国投资时，必须研究并遵守其法律法规，学习国际商务知识，注意投资国的法律问题，必要时要不惜重金聘请外国律师，以防投资失误。

文化风险：由于不同国家和地区在知识、信仰、艺术、法律、道德、风俗等各方面存在的巨大差异，而导致中资企业境外投资所面临的风险。这类风险对跨国企业生产经营会产生间接的、潜在的和广泛的影响，由于文化背景不同导致国际投资活动受挫的事例屡见不鲜。人们的价值取向不同，不同文化背景的人采取的行为方式不同，在同一企业内部，就会产生文化摩擦，境外投资文化风险也随之产生。主要包含管理风险、沟通风险、宗教禁忌、风俗习惯风险、信息理解差异风险等。

市场风险：海外矿业投资面临的最大风险之一就是国际矿产品价格的波动。近年来，随着国际大宗矿产品价格的一路走低，已经使得根据矿产品高价格预期做出的矿业投资项目无法取得预期投资利润与回报，甚至前期投资也无法预期收回。国际市场中矿产资源的价格波动，导致矿产资源的市场价格存在一定程度的不确定性，使得矿产资源项目面临不可忽视的市场风险。

财务风险：我国资产评估方法与国外资产评估方法存在差异，可能存在对被并购企业评估要素考虑不全，导致存在对被并购企业资产高估的风险，不同的会计计量标准和不同的资产评估方法，对被并购企业的价格及盈利能力所形成的结论往往存在较大差异，造成并购风险加大，为避免这一风险，矿业公司海外投资的战略导向应更清晰、明确，对经济分析的认识应更充分客观，资源分析与评价、财务分析与预算、资金准备与融资安排应更具竞争性、系统性、灵活性。

国内投资风险主要是由于我国尚未形成较为成熟的矿产资源市场环境引起的。政府部门一直是矿产资源开发行业的引领者与所有者，政府部门既是重要的投资者、管理者也是仲裁者。这些行为为矿产资源地质勘探工作带来了一定程度的风险，主要表现为监管风险、人力风险、法律风险、市场风险。

监管风险：由于矿产资源的开发与地质勘查工作能够产生丰厚的经济效益，因此，矿产资源地质勘查企业均建立一支专门负责找矿的团队。然而，队伍存在盲目寻找的问题，其组成人员尚未建立专业化矿产资源知识结构，导致矿产资源地质勘查工作面临监管风险。除此之外，现代化市场经济机制的完善，使得矿产资源的市场价格与实际需求量之间出现不同于传统经济时期的变化，这是因为在各个经济体制中，矿产资源的开发、勘查等将承担不同级别的风险与经济责任。与此同时，若矿产资源地质勘查单位无健全的监管机制，则其将会直接影响本单位获取经济效益的能力。因此，为了规避由于监管机制不完善所引发的监管风险，矿产资源开发企业应在日常运行过程中，加大重视建立、健全监管机制的力度，从而全方位掌握监管方面的矿产资源地质勘查风险。

人力风险：矿产资源项目开发过程中的岗位员工不仅需要有专业知识和设备操作技能，也应具备良好的身体素质和心理素质，目前，我国的矿产资源开发人员素质参差不齐，知识水平和实践能力相对国外企业人员较低，因此，矿产资源项目存在人力风险。

法律风险：近年来，由于我国一度缺失与矿产资源地质勘查领域相关的法律规定，导致矿产投资的比例逐年下降。除此之外，由于矿产资源的政策执行情况欠佳，致使矿产资源开发项目的发展前景并不完好，因此，矿产资源地质勘查工作面临法律风险。

市场风险：由于社会主义市场经济体制中的价格存在长期波动与短期波动两种情况，导致矿产资源的市场价格存在一定程度的不确定性，这就表明，矿产资源地质勘查工作还面临不可忽视的市场风险。

（2）国内外矿产资源并购项目风险特征

风险管理起源于 20 世纪 40—50 年代美国保险行业，并逐步渗入工程建设和管理等领域。国内项目风险管理的研究和应用只有十多年的历史，相关知识没有得到普及，专业性人才缺乏，全面实施风险管理的工程项目很少。无论是国外还是国内矿产资源并购项目，风险都具有以下几个方面的特征：

①风险是客观存在的，是不以人的意志为转移的。也就是说风险处处存在，时时存在，人们无法回避它、消除它，只能通过各种技术手段来应对它，从而避免费用增加、资产损失。

②风险是相对的、变化的。相对于不同的主体，风险的含义大有差异，对某一主体是风险，而对另一主体可能不是风险或反而是利润。另外，风险随着环境的变化而变化，故对风险的主体来说，风险的内容和程度也是变化的。

③风险是可以识别的，因而是可以控制的。现代管理科学为风险识别与风险控制提供了理论、技术和方法，人们可以对可能产生的风险及风险发生的时间、

范围和程度进行预测和把握，从而进行控制。

④风险与收益是并存的、共生的。风险的不确定性会带来费用增加、各种损失和损害的产生，但如果能够有效地管理风险，则风险将会转换为收益。

⑤风险是有阶段性的。风险的发展是分阶段的，通常有三个阶段，即潜在风险阶段、风险发生阶段和造成后果阶段。

矿产资源项目启动后，确定核查内容，通过风险分析与识别确定资源核查中的风险点，并根据相应的风险点进行风险控制，最大可能地降低或者规避风险，采取风险规避措施，降低项目风险发生的频次和频率。

### 4.4.2　国内外矿产资源并购项目风险评价内容

矿产资源并购项目风险评价主要包括资源风险、技术风险、建设条件风险、经济性风险、社区及公共关系风险、法律风险、合作风险、市场风险八部分的内容。

（1）资源风险

资源风险是指由于对资源的存在与否、资源储量多少、质量优劣的不确定而承担的风险。包括资源储量、开发矿种、资源品位、资源信息等因素。

（2）技术风险

技术风险是指由于技术不足或缺陷以及技术分析失误等原因，给资源项目建设开发带来损失的可能性。包括设计指标可行性、规划合理性以及工艺技术的成熟度等因素。

（3）建设条件风险

建设条件风险是指项目所在地的自然环境、基础设施、物资供给等，无法在合理投资范围内达到资源项目建设和开发的基本条件而承担的风险。包括地质环境、自然气象、水文条件、水利交通、能源通信设施、材料装备以及产品运输等因素。

（4）经济性风险

经济性风险是指在资源项目内在经济性与公司需求存在的差异，或由于信息不对称，形成的经济性评价指标偏离项目实际的风险。包括项目投资效益的评估、投资总额、后续筹资难易度以及项目研究的程度等。

（5）社区及公共关系风险

社区及公共关系风险是指资源项目开发行为给社会或社区带来的可能损失，

以及当地存在的文化、宗教信仰、工会劳工的问题使风险的可能性转化为现实后造成的损失。社区及公共关系风险包括治安环境、人力资源、文化差异及宗教信仰等。

（6）法律风险

法律风险是指资源项目受项目所在国家（区域）法律法规管制约束，在经济合同订立、生效、履行、变更和转让、终止及违约责任的确定过程中，利益受到损害的风险。包括项目所在国家（区域）进行投资、缴纳税收、开发矿业等涉及的法律政策、法律合规、合同安全、权证等风险因素。

（7）合作风险

合作风险是指在项目投资过程中，由于采用不同的商业合作模式对项目运营主导的权限不同，以及由于信息不对称，对合作方资信状况、公司治理、经营理念、财务状况等无法完全掌握了解，而给项目合作带来的不确定因素。包括合作方的资质信用、公司治理、经营管理合规情况以及财务状况等因素。

（8）市场风险

市场风险是指因产品价格、利率、汇率等变动而导致项目价值未预料到的潜在损失的风险。包括矿产品价格下跌风险、汇率风险、利率风险等风险因素。

## 4.5  本章小结

本章主要对矿产资源并购项目的评价指标进行了系统梳理，并对各评价指标从地质资源、采矿、选矿、环境、经济性、风险六个方面的具体评价内容开展论述，为后续矿产资源项目评价方法的论述提供依据。

# 第5章 矿产资源并购项目评价方法

矿产资源并购项目的评价根据项目所处勘查阶段的不同、矿种的不同、开采方式的不同、选矿及冶炼工艺的不同、项目业主所开展工作的不同，评价的方法和深度也各不相同，以下仅对一般并购项目的评价方法进行介绍。在实际开展评价工作时，还需根据每个项目的不同选择不同的评价方法。

## 5.1 矿产资源并购项目分类

根据矿产资源项目的勘查开发程度将项目分为六类：风险勘查类、详查类、勘探类、矿山建设类、矿山生产类和矿山复产类。项目分类如下：

(1)风险勘查类项目：主要指从勘查空白区开始，通过地质、物探、化探、遥感、钻探等一系列勘查手段，对矿产的位置、规模、品位有了初步的掌握后，可形成推测资源量。这一阶段可能有的项目做了一些采选工程的研究，获得了一些经济参数，但还没有形成储量，开发的经济性并不明晰。以提交地质预查报告/地质普查报告/概略研究报告为标志。

(2)详查类项目：指通过详细的勘查工作、预可行性研究，确定已经发现的矿床是一个具有初步经济价值的、有足够资源量和储量支撑的项目。以提交地质详查报告或预可行性研究报告为标志。

(3)勘探类项目：指通过加密勘查工作、可行性研究，确定已经发现的矿床是一个具有初步经济价值的、有足够资源量和储量支撑的项目。以提交地质勘探报告或可行性研究报告为标志。

(4)矿山建设类项目：完成了最终的可行性研究，开始开展建设规划和工程设计，并进行相关的财务最优化设计，直至矿山试生产阶段。以提交矿山初步设计报告或银行级可研报告为标志。

(5)矿山生产类项目：以矿山正常生产有矿产品为标志，处于投产至矿山正常关闭之间。

(6)矿山复产类项目：以提交矿山复产方案或复产银行级可研报告为标志。

## 5.2 矿产资源并购项目技术评价

### 5.2.1 地质资源评价

地质矿产资源评价是项目并购评价的基础，其评价结果的真实性、准确性直接影响和决定项目的成败，地质资源评价主要从八个方面开展：矿业权评价、勘查、开发历史及现状评价、地质勘查工作程度评价、勘查工作质量评价、矿体圈定合规性评价、资源/储量计算过程评价、地质资源潜力评价。

(1)矿业权评价

矿业权，即矿产资源所有权，在国际上，矿产资源所有权具有3种形式，一是随土地所有权，即矿产资源所有权随其所赋存的土地的所有权；二是一律归国家所有；三是混合形式，既存在个人所有，也存在国家所有，目前世界上绝大多数国家的矿产资源都归国家所有。

矿业权评价主要从合法性、有效性、真实性、可延续性四个方面展开。

矿业权在各国因其法律的不同有着不同的划分方法，主要有以下三种：

一分法：指通过一次申请就获得了勘查开发和采矿等活动的权利，而不需要经过任何重新申请，如土耳其；

二分法：矿业权分为探矿权和采矿权，分别申请和分别授予，世界上大多数国家采用这种方式，如中国、加拿大、印度尼西亚、巴西等；

三分法是将矿业权分为探矿权、采矿权和评价权，如澳大利亚。

矿业权的合法性评价主要是依据矿业权所在国的各矿业权制度及规定，对矿权的真实性及有效性进行评价，评价的主要内容有以下几点：

①矿业权的真实性评价：业主是否具有正式的法律证明文件(矿业权证)证明矿业权属业主所有。

②矿业权的有效性评价：矿业权处于矿业权证的有效期内。

③矿业权范围评价：目前所探明的矿产资源是否位于矿业权内。

④矿业权的可延续性评价：根据大多数国家的法律规定，矿业权是具有有效期的，而矿业权的可延续性评价就是对矿业权在到期后是否可以顺利的延续进行评价。如我国就规定了探矿权在同一勘查阶段延续时需要缩减面积，每次缩减首次登记面积的 25%，也即最多可缩减 3 次。

⑤勘查及开发相关的其他政府许可文件：

根据各国对勘查、开发方面的其他政策法规进行评价，主要在环保、规划、开采配额方面等。

因各国在环保等方面的要求不同，有些国家规定必须取得相应的林业许可后方可进行勘查及开发，如印度尼西亚。

在我国，如煤炭等资源的开发，必须与国家及各省的规划相一致，未列入规划的矿产资源是无法取得采矿许可的。另外，我国政府对部分矿种的开采是有规定的配额的，如钨矿等。

⑥其他评价内容：因各国矿业权制度及相关规定的不同，在进行矿业权评价时必须掌握当地与矿产资源勘查、开发相关的所有政策法规，并根据不同的要求进行评价。

(2)勘查、开发历史及现状评价

勘查历史方面主要评价如下内容：

①收集以往开展勘查的工作资料，以便下一步对其勘查工作质量等进行评价。

②了解承担以往勘查工作及相关化验分析的单位，对其资质及信誉情况进行了解。

③收集以往开发的历史资料，以便开展下一步的各项评价工作，如总图布置、采矿、选矿、冶炼工艺等。

④明确采空区范围，以便下一步对其保有资源量进行准确报量。

(3)地质勘查程度评价

①评价项目勘探类型划分是否准确

矿床勘探类型是根据矿床地质特点，尤其按矿体主要地质特征及其变化的复杂程度对勘探工作难易程度的影响，将相似特点的矿床加以归并而划分的类型。划分勘探类型主要是为了正确选择勘探方法和手段，合理确定工程间距。勘探类型的划分不当将可能导致项目资源储量级别提高，从而加大了资源风险。项目勘探类型的划分可以参照我国各矿种的地质勘查规范对其进行评价。

②勘查实物工作量是否与勘查工作进度相匹配

根据矿床勘探类型的划分及工程间距的确定，评价项目所开展的勘查实物工作量是否达到目前所处勘查阶段的要求。

(4)勘查工作质量评价

项目所涉及的各项实物工作，如物探、化探、钻探、取样、样品分析等，其质量是否符合相关规范要求。本项评价主要依据勘查报告中的勘查工作质量评述章节开展，通过对基础资料的研究，与报告中的质量评述内容进行对比，确认勘查工作质量是否符合相关规范要求。主要评价内容如下：

①勘查类型、勘查手段、方法的选择、勘查工程布置原则、工程间距的确定及依据。勘查工程是否按照上述原则进行部署，并对所采用的勘查工程间距对矿体(层)的控制程度及工程间距的合理性进行评价。

②对各项勘查工程的质量，尤其是对影响资源储量估算会产生较大影响的方面进行评价。

测量工程：明确项目所采用的平面坐标和高程系统，并对各项工程的测量精度进行评价。

钻探工程：主要对测斜、孔深较正、岩芯采取率等进行评价。

物化探工程：主要对现场工作质量、选取的各项参数、资料处理及地质解释方法进行评价。

采样、化验等工作：主要对内检、外检情况、样品的代表性等进行评价，尤其是选冶试验样品必须对其样品的代表性进行详细评价。

(5)矿体圈定合规性评价

①对矿体圈定的依据进行评价

最低工业品位：这是圈定矿体的最主要依据，它的任何改变都将对矿体的规模、形状、有用组分分布的均匀程度和矿化连续性等产生重大影响，尤其是当矿体与围岩的界限不清时更是如此。在确定最低工业品位时，除考虑主要有用金属成分外，还必须考虑伴生有用金属及其综合回收利用情况、开采技术因素、市场需求因素、价格波动因素，以地质开采条件为基础，以市场价格为指导，以经济效益为中心，综合考虑，合理确定。因此，在评价时必须对最低工业品位的确定依据进行准确研判，以确定其合理性。

其他如最小可采厚度、夹石剔除厚度的确定可参考我国各相应矿种的勘查规范。

②对矿体的圈定原则进行评价

主要参照我国固体矿产勘查工作规范规定的矿体圈连及外推原则对其进行评价，矿体的圈连一般采用直线连接，部分勘查程度达到勘探级以上的矿床，因为已详细查明矿体的规模、形态、产状等地质特征，可按自然形态对矿体进行连接，但不论采用何种连接方法，矿体任意位置的圈连厚度，不得大于相邻工程实际控制的矿体厚度。

③对所有的图件进行逐一检查，确认是否按照以上依据及原则对矿体进行了圈定(在此过程中可对原始分析结果进行检查)。

(6)资源/储量过程评价

资源/储量分类是否符合规范要求，其资源/储量的计算过程是否合规，从原始分析结果到资源/储量的计算过程中是否出现错误。

①收集化验分析单位出具的原始化验分析结果报告单，对储量计算过程中用到的所有分析结果进行逐一核对。

②对储量计算的过程进行详细检查，确认各类公式或参数的选取及使用无误，计算结果无误。

③地质建模和资源/储量复核计算

本项评价工作主要是利用勘查工程的原始数据，选取合理的计算参数，对其资源储量进行独立重新估算。目前一般采用矿业软件建立地质模型，估算项目的资源/储量。并与勘查报告中的资源/储量结果进行对比，确认资源/储量的误差是否在合理范围，若误差较大，需详细分析其原因。

(7)资源潜力评价

在矿业权评估中，资源潜力评价是非常重要的评估内容，它包括生产矿山的勘探程度低的块段潜力，矿山周边及深部的找矿潜力。而对于尚处于探矿阶段的矿业权其资源潜力评价就更为重要。资源潜力与矿床成因类型及勘查工作程度密切相关，潜力评价不能以相关数据来准确计算，需要评估专家丰富的工作经验和较强的专业知识才能够做到准确判断。正是资源潜力的不确定性，才留下了矿业权的炒作空间和价值空间，矿业投资的高利润及高风险也主要集中在矿产资源潜力认识这一部分。

评价主要是根据项目的区域地质、矿区地质条件及已取得的勘查成果,对项目的资源潜力进行评价的结果可作为项目投资决策的参考。

## 5.2.2　采矿工艺评价

采矿工艺技术评价的目的是明确项目在采矿工艺技术上可行,为矿产资源并购提供技术支持。采矿工艺技术评价主要结合项目现场技术尽职调查工作,多专家根据项目外部建设条件、矿山采矿权范围、矿体开采技术条件以及矿岩的物理力学特征,确定矿山开采方式、开采范围、开采顺序及开采方案,合理选型矿山设备,评价项目在采矿技术上的可行性。同时,类比国内外相似矿山的生产实际,提出不同的意见和建议。

(1)评价内容

目前,矿产资源项目开采方式分为两大类,即露天开采和地下开采。根据不同开采方式各自的特点,评价内容也不尽相同。露天开采矿山主要从露天开采境界参数、剥采比分析、回采工艺、生产规模、矿山设备、露天开采边坡稳定性等方面开展评价。而地下开采矿山评价除基础评价外,还需对井巷工程、充填系统、通风系统、排污系统等进行评价。

根据矿产资源项目采矿技术主要评价内容,不同开采方式下,各项评价内容具体评价指标分别论述如下:

①露天开采矿山评价

a.露天开采境界参数评价

根据矿体的禀赋特征、矿岩的物理力学特性,评价项目露天开采境界参数(台阶高度、台阶坡面角、安全平台宽度、清扫平台宽度、出入沟宽度、出入沟坡度等)选择的合理性。

b.经济合理剥采比分析

确定露天开采境界的重要依据——经济合理剥采比,经济合理剥采比与国民经济和科学技术水平密切相关,其值是变化的。因此,当时圈定的露天开采境界,只是在一定时期、一定条件下的合理值,随着科学技术的进步和国民经济的不断发展,露天开采经济效益不断改善,经济合理剥采比趋向增大,原来设计的露天开采境界也往往会随之扩大和延深。目前,经济合理剥采比主要有三种分析方法。

盈利法：根据开采范围原矿品位、采选技术参数、金属价格，确定露天开采经济合理剥采比。露天开采境界内剥采示意图如图 5-1 所示。图中剥离废石的增量 $\mathrm{d}W$ 和采出矿石的增量 $\mathrm{d}O$ 带来的利润增值 $\mathrm{d}P$ 之间的关系见式（5-1）。

$$\mathrm{d}P=\frac{\mathrm{d}O\times g_\mathrm{o}\times\gamma q}{g_\mathrm{p}}-C_\mathrm{w}\mathrm{d}W-(C_\mathrm{m}+C_\mathrm{p})\mathrm{d}O \tag{5-1}$$

即

$$\frac{\mathrm{d}P}{\mathrm{d}O}=\frac{g_\mathrm{o}\times\gamma q}{g_\mathrm{p}}-C_\mathrm{w}\times\frac{\mathrm{d}W}{\mathrm{d}O}-(C_\mathrm{m}+C_\mathrm{p}) \tag{5-2}$$

从上式可以看出，利润增量随着经济合理剥采比的增加而减小。因此，利润增量 $\dfrac{\mathrm{d}P}{\mathrm{d}O}$ 随境界深度的增加而减小，当 $\mathrm{d}P=0$ 时，

$$N_\mathrm{j}=\frac{\mathrm{d}W}{\mathrm{d}O}=\left[\frac{g_\mathrm{o}\gamma q}{g_\mathrm{p}}-(C_\mathrm{m}+C_\mathrm{p})\right]/C_\mathrm{w} \tag{5-3}$$

式中：$g_\mathrm{o}$ 为矿体的地质品位，%；$C_\mathrm{p}$ 为精矿品位，%；$q$ 为精矿售价，元/t；$C_\mathrm{w}$ 为单位剥岩成本，元/t；$C_\mathrm{m}$ 为单位采矿成本，元/t；$C_\mathrm{p}$ 为单位选矿成本，元/t；$\gamma$ 为采选综合回收率；$N_\mathrm{j}$ 为经济合理剥采比，t/t。

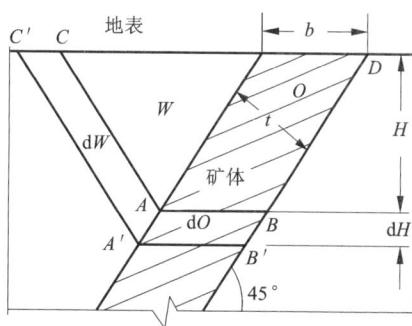

图 5-1　露天开采境界内剥采示意图

价格法：采用价格法计算的经济合理剥采比适用于因某些原因无法进行地下开采，即只能考虑露天开采的矿床，则经济合理剥采比的计算见式（5-4）。

$$N_\mathrm{j}=\frac{d-a}{b} \tag{5-4}$$

式中：$N_\mathrm{j}$ 为经济合理剥采比，t/t；$a$ 为露天矿山纯采矿成本，元/t；$b$ 为露天矿山纯剥离成本，元/t；$d$ 为该矿石售价，元/t。

比较法：通过与地下开采方式进行比较，露天开采经济合理剥采比的计算见式（5-5）。

$$N_\mathrm{j}=\frac{1}{b}\times\frac{\alpha_\mathrm{L}\times\varepsilon_\mathrm{L}}{\alpha_\mathrm{D}\times\varepsilon_\mathrm{D}}\times D_\mathrm{D} \tag{5-5}$$

式中：$N_\mathrm{j}$ 为经济合理剥采比，t/t；$b$ 为露天矿山纯剥离成本，元/t；$\alpha_\mathrm{L}$、$\alpha_\mathrm{D}$ 分别为露天开采和地下开采采出矿石品位，%；$\varepsilon_\mathrm{L}$、$\varepsilon_\mathrm{D}$ 分别为露天开采和地下开采采矿

回收率，%；$D_D$ 为地下开采时每吨原矿所分摊的采矿成本，元/t。

c. 露天开采境界评价

露天开采境界主要通过境界优化来评价露天开采境界的合理性，露天境界优化开始于 20 世纪 60 年代，其核心思想为：考虑一个矿床，扣除采矿/岩的成本，满足一定的边坡条件，使采出的矿石总价值最大，它是一个有唯一解的数学问题。

露天开采境界优化常用的解决算法有动态规划法、图论法、整数线性规划法、网络流法、启发法、手工法及浮动圆锥法。其中，前四个方法可用数学方法证明正确，后三种方法通常根据经验和直观判断。

d. 回采工艺评价

露天开采方式的回采工艺流程为：穿爆—铲装—运输—排土，根据工艺流程特点，评价露天开采工艺的合理性。

e. 生产规模评价

根据矿山的开采技术条件，初步确定矿山生产规模，并选取以下几种方法进行生产能力验证：

按矿山采矿工程延深速度验证生产能力；

按露天采场采矿工作线内可布置的挖掘机数验证生产能力；

按新水平准备时间验证生产能力；

按咽喉区线路通过能力及卸载点卸载能力验证生产能力。

当分期建设时，应论述矿山各个时期的生产能力；当生产多种矿石时，应论述各种矿石的生产能力。

f. 矿山设备评价

根据矿山生产能力及回采工艺，合理选型露天开采设备，包括潜孔钻机、牙轮钻机、电铲、挖掘机、矿用自卸卡车、推土机、平地机等。

g. 露天开采边坡稳定性分析

随着我国露天开采技术和设备的持续发展，其规模大、效率高、成本低、资源回采率高、作业条件好、生产安全等优点进一步显现，陡帮开采等先进的露天开采工艺得到广泛应用，但随之而来的露天矿高陡边坡稳定性问题突出，在很大程度上制约了露天矿的发展，目前主要利用先进技术形成数值模拟分析模型的方式，预测露天开采边坡的稳定性。

②地下开采矿山评价

a. 采矿方法评价

根据地压管理方法的不同，地下采矿方法可分为空场采矿法、崩落采矿法和充填采矿法三大类。空场采矿法是将采矿过程中形成的空场不做特殊处理，主要依靠预留的矿柱和围岩来支撑、维持采空区稳定的采矿方法。崩落采矿法是在采矿过程中，使矿体上覆岩石随着采矿活动的推进而塌陷，消除采空区地压安全风险的采矿方法。充填采矿法是随着回采工作面的推进，逐步用充填料充填采空区，达到控制采空区地压的采矿方法。

通过分析矿体的禀赋特征及矿床的开采技术条件，须多方案选择适宜的采矿方法，并从每种采矿方法的采场布置、采准、切割、回采、出矿、通风、充填、支护、矿块生产能力等方面进行对比分析，对选择的最优采矿方法进行评价。

b. 回采工艺评价

依据矿体围岩稳定性、矿体赋存条件、采矿方法、生产能力以及相关的安全要求，进行回采工艺进行评价。主要包括矿块构成要素评价，即确定矿房、矿柱的布置方式及尺寸，底部结构型式；采准切割方式评价，即确定分段（分层）高度，进路布置方式，回采凿岩巷道、切割巷道的位置及尺寸，切割方法和切割顺序；工艺评价，即确定采场凿岩、爆破、出矿、运输等工艺流程；矿柱回采评价；采空区处理评价。

c. 生产规模评价

根据矿山的开采技术条件，初步确定矿山生产规模，并选取以下几种方法进行生产能力验证：

按各中段可布置有效矿块数，并以同时出矿的矿块数及矿块生产能力来计算和验证各中段的生产能力；

均衡各中段生产能力并按合理的矿山服务年限验证生产能力；

以类似矿山实际年下降速度或回采工作面推进速度来验证各中段的生产能力；

按下中段开拓、采准时间验证矿山生产能力。

当分期建设时，应论述矿山各个时期的生产能力；当生产多种矿石时，应论述各种矿石的生产能力。

d. 开拓运输系统评价

根据矿体禀赋特征、地表地形条件及矿山岩体移动范围，对所选择的开拓运输系统进行评价。主要包括井巷工程位置及数量，开拓范围，基建范围，坑内提升、运输系统，破碎系统等。

e. 井巷工程评价

依据矿岩稳定性、水文地质条件等因素，对井巷工程进行评价。主要包括各种井筒、平巷、硐室的断面规格及其支护型式、支护厚度等。

f. 充填系统评价

充填材料、充填设施和充填工艺的评价。主要包括充填量，充填材料选择，充填料配比及充填体强度，充填系统的计量，充填的供水、排水和排泥等。

g. 通风系统评价

依据矿岩中有害气体的含量、矿区工业布置、开拓方法、生产规模等因素，进行矿井通风系统评价。主要包括通风系统的主要通风井巷布置、通风方式、通风网路、回采工作面通风和通风构筑物等。

h. 采矿设备的评价

依据矿体围岩稳定性、矿体赋存条件、采矿方法、生产能力以及相关的安全要求，进行采矿设备评价。主要包括采准、切割凿岩、装运、支护及辅助设备选型，凿岩爆破设备的生产能力和设备数量计算；出矿设备的选型；二次破碎设备的选型和设备数量计算等。

i. 其他辅助设施评价

依据相关安全规程，进行矿山排水、压风、供水等辅助设施评价。

采矿技术主要评价内容见图 5-2。

（2）评价流程

矿产资源采矿技术评价通过收集项目相关资料，根据项目外部建设条件、矿体赋存特征、矿岩的物理力学性质，评价项目的开采方式、采矿方法、回采工艺、开拓运输等方面的可行性，并梳理矿山存在的主要风险因素；其次开展项目技术尽职调查，对初步评价中存在的风险因素进行等级评定；最后采用三维矿业工程软件对项目的技术参数进行论证，判断项目在采矿技术上的可行性，具体评价流程见图 5-3。

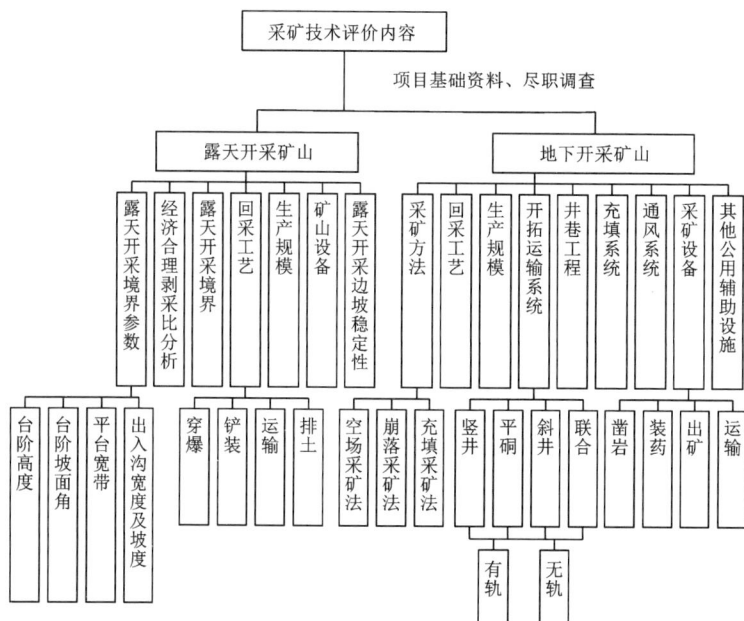

图 5-2　矿产资源项目采矿技术主要评价内容图

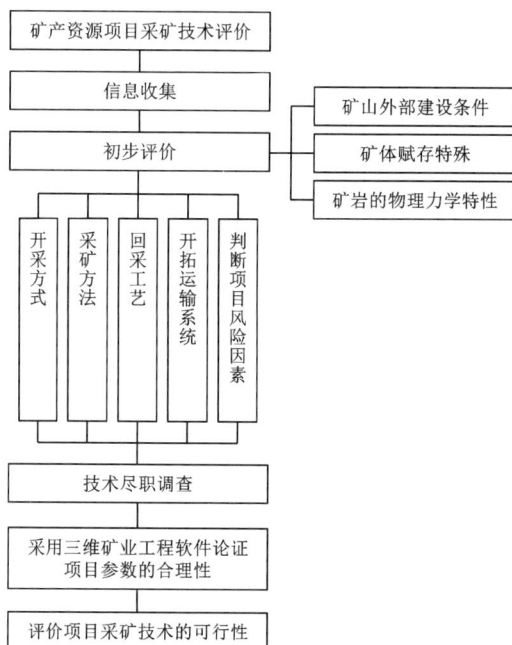

图 5-3　采矿技术评价流程图

### 5.2.3　选矿工艺评价

选矿工艺技术评价的目的是明确项目在选矿工艺技术上的可行性，为矿产资源并购提供技术支持。选矿工艺技术评价是以选矿方法及理论为基础，结合实际经验和现场尽职调查，用类比分析的手段，对比国内外相似选厂的生产实际，评价选矿指标合理性、选矿技术可行性、设备匹配合理性、精矿质量等选矿技术经济参数。

（1）评价内容

选矿工艺技术评价主要从项目资料收集整理、选矿试验、选矿工艺及设备、选矿技术经济指标等方面进行评价，具体评价内容如下：

①资料收集

资料收集工作是开展选矿工艺评价的基础和重点，选矿资料的完备程度决定了选矿工艺评价的准确性和合理性。

一个矿床是否具有工业利用价值，需从多方面进行评价，除了有用成分的储量大小以外，还必须考虑该矿床是否便于开采和加工。因而矿产的可选性是确定矿床工业利用价值的一项重要因素，在找矿勘察的各个阶段都可能要对矿产的可选性进行评价。在进行资料收集工作时需考虑不同阶段的项目开发程度中选矿工作的深入程度，具体如下：

a.普查阶段。因本阶段对矿体的控制程度较低，矿床平均品位、各矿石类型所占比例、分布特征等矿体参数均不明确，故本阶段的项目可选性评价，主要是收集该项目的矿物物质组成资料，通过类比法对项目的矿石是否具有可选性进行初步评价。

b.详查阶段。勘查程度达到详查阶段的项目，因矿床的平均品位、各矿石类型所占比例、分布特征等参数均已基本查明，故可以开展初步的选矿工艺研究。如果可以收集到项目矿石工艺矿物学资料及实验室小型选矿试验报告，则该阶段矿床的可选性评价可以确定主要成分的选矿方法和可能达到的指标，以便据此评价矿床矿石的选矿在技术上是否可行，技术上是否合理，并指出不同类型和品级的矿石的可选性差别。如果项目也没有开展相关选矿工艺研究，则必须在项目尽职调查阶段采集样品进行选矿工艺研究。

c.勘探阶段。需要对矿床做出确切的工业评价，必须进一步确定矿石的加工工艺、合理流程和技术经济指标。资料收集时，除了收集该矿床不同类型和品级的矿石的可选性试验报告外，还需收集待开发矿床的组合试样试验研究矿床，确定矿石采用统一的流程及确定矿山产品方案的合理性。

d. 选厂设计前或设计中。如果该项目已经处于选厂设计阶段，除了收集矿山开发不同阶段选矿基础试验资料以外，还应收集设计前最终选矿试验工艺和指标的相关资料，因为设计前的选矿试验是选厂设计的主要技术依据，在深度、广度和精度上需满足设计需求，在详细方案对比的基础上，提出最终推荐的选矿方法和工艺流程，以及试验各阶段所能提出的各项技术经济指标，包括流程计算、设备和各项消耗定额所必需的许多原始指标或数据，便于详细开展选矿工艺评价工作，并提出不同意见和合理建议。另外，对于大型、复杂、难选的矿床或实践经验不足的新工艺、设备及药剂，需进一步收集中间规模或工业试验相关资料。

e. 已建成生产选厂。当选厂已建成或处于生产运营期时，除了收集选矿试验相关资料外，还应对选厂拟采用的或已采用的选矿工艺及设备设施的完备程度、合理性、匹配性进行核算，对已运营选厂还需收集生产指标统计表、耗材清单及选厂运营基本情况等。

②选矿试验评价

选矿试验是矿石可选性评价的基础，也是选厂设计的基础，对选厂工艺流程、设备选型、产品方案、技术经济指标等的合理确定有着直接影响，也是选矿厂投产后能否顺利达到设计指标和获得经济效益的基础。

主要从样品代表性、矿物性质、矿石加工处理的工艺流程及技术经济指标等方面进行论证。

样品代表性评价：选矿试验样品的代表性决定了矿床可选性研究的真实性，样品代表性研究出现偏差会使整个评价分析工作失去意义。评价时，样品代表性主要从质量、数量、工业品级和自然类型几个方面分析。

样品质量主要从以下三个方面分析：a. 试验样品的性质应与评价矿体基本一致，包括主要化学组分的平均含量（品位）及含量变化特征。b. 试验样品中主要矿物组分的赋存状态，如矿物组成、结构构造、有价矿物的嵌布特性等应与待评价矿体基本一致。c. 试样的理化性质与待评价矿体基本一致，如松散程度、含泥量等。

试验样品的数量需满足不同矿床开发阶段的不同试验性质要求，才能保证试验的完整性及试验结果的可靠性、代表性。例如在小型试验阶段，单金属矿石浮选试验样品需 200~300 kg，多金属矿石浮选需 500~1000 kg。

工业品级(如贫矿、富矿、表外矿等)和自然类型(如硫化矿、氧化矿、混合矿)也要根据矿床开发程度来确定。如勘探后期,评价矿山产品方案及选矿厂设计方案时,需以不同工业品级及自然类型的组合试样的试验结果为基础评价依据,确定产品方案及设计流程的合理性。

矿物性质评价:矿石工艺矿物学分析是选矿工艺及指标评价的基础数据,技术评价时主要从矿石主要类型、结构构造、矿物组成及定量,矿物粒度嵌布关系及选矿工艺特征几个方面进行,具体包括:a.检测矿石物理成分和化学成分,确定有价元素含量;b.主要组分及有价组分的矿物定量;c.主要组分及有价组分的工艺粒度特征;d.有价元素的赋存状态及迁移特征;e.选矿方法及工艺指标评估;f.选矿试验完整性、合理性评价。

选矿试验完整性评价除了工艺矿物及矿石理化性质外,还应包括碎磨工艺试验、选矿工艺试验、脱水试验和毒性分析完整性的评价。其中碎磨工艺主要包括功指数测定、可磨度测定、磨蚀指数试验、自磨介质性能试验、洗矿和洗矿溢流处理试验、矿石预选磨矿方法和磨矿流程的试验研究、磨矿产物分析。选矿工艺及流程主要包括选矿方法、选别条件试验以及选别流程结构试验研究。如根据不同矿石矿物学性质,开展浮选、重选、磁选、焙烧磁选、重介质选矿、电选、光拣选等选矿方法试验并对选矿药剂、燃料、介质等主要材料和条件选用开展对比试验;在流程结构上,开展确定选别段数、扫选和精选作业的合理次数探讨,提高精矿品位和回收率的优化试验等,并在开路流程试验的基础上,进行闭路流程试验。选矿药剂尽量少用或不用对人体和农林牧渔有害、对环境有污染的药剂。产品脱水主要包括对精矿和尾矿做沉降速度试验并绘制沉降速度曲线。毒性分析是对工艺流程中的尾矿水、精矿水和其他污水、有害气体、废渣进行化验分析,评价其是否达到国家排污标准。

③选矿工艺及设备评价

在资料翔实、试验内容完整的基础上评价各种选矿试验结论,对回收率进行核实。包括选矿工艺流程、主要技术参数评价;审查主要选矿设备的选择计算及选型配置的正确性;审查矿浆输送及尾矿库的可靠性及合理性;识别并量化关于金属冶炼、配矿、选厂设计、选厂场地、产量和金属回收率方面的风险。

④选矿技术指标经济合理性评价

在矿山资源条件确定后,选矿技术经济指标是衡量矿山效益好坏和生死存亡的关键。在选矿试验评价的基础上,需对选矿生产规模、主金属及主要伴生金属的选矿回收率、精矿品位、建设投资、运营成本等主要技术经济指标的合理性进行评价，并核实材料消耗和成本，为建选矿厂选择合理的设备，找到投入、成本、指标、经济效益最佳平衡点，达到降低前期投入和投产后的生产成本，使矿山获得最大的经济效益，减少矿山资源浪费的目的。选厂成本核实主要关注衬板、钢球、药剂、滤布、筛网等单耗及单价，并类比矿床所在地区其他选厂成本，提出不同的意见和建议。

（2）评价流程

选矿工艺评价首先根据不同阶段收集的项目资料确定项目评价内容，然后评价选矿试验研究方法及工艺、设备选型、技术经济参数的合理性，最后判断项目在选矿工艺技术上的可行性，为资源收并购提供技术支撑。

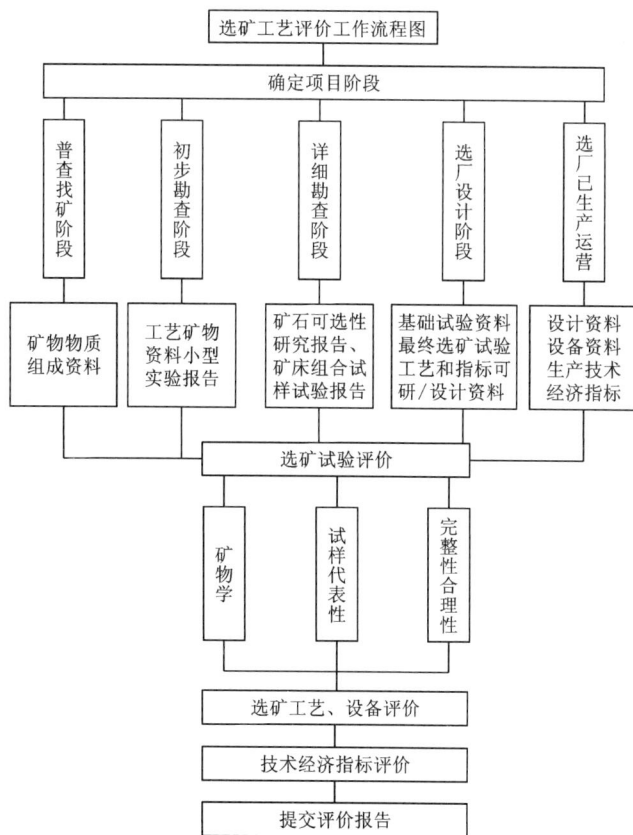

图 5-4　选矿技术评价流程

### 5.2.4 冶金工艺评价

冶金工艺技术评价的目的是明确项目在冶金工艺技术上可行，为矿产资源并购提供技术支持。冶金工艺技术评价主要根据精矿矿物成分，合理选择冶金工艺流程，评价项目在冶金工艺上的可行性，主要包括工艺流程的可行性、设备的可靠性、技术经济指标的合理性。

目前，冶金工艺流程分为火法冶金和湿法冶金两大类。

依据设计标准和项目地的安全环保等法律法规，通过对冶金工艺和建设方案等进行详尽的技术评价，准确地判断冶金工艺的可行性，主要内容有：

（1）对项目原辅材料和产品品种及特性、工艺流程的选择、技术指标和生产成本等内容进行对比分析，并根据相关法律法规和行业惯例判断其合理性和准确性；

（2）根据冶炼计算，判断项目选择的主辅设备是否合适、车间配置是否合理、公辅设施布置是否合理、"三废"是否按照环保要求进行了处理；

（3）冶炼厂厂址选择是否合适；

（4）原辅材料来源和运输方式是否可靠；

（5）对冶炼厂生产规模、建设投资、运营成本等主要技术经济指标的合理性进行评价。

## 5.3 矿产资源并购项目环境评价

矿产资源并购项目环境评价主要从建设条件、自然环境、社区环境三个方面进行。

### 5.3.1 建设条件评价

主要从矿山开采及选冶所必需的外部条件，如供水、供电、交通等方面进行评价。

（1）供水：了解项目生产过程中所需的生产用水、生活用水主要来源、与项目地的距离、可供给量、水费、用水许可等情况，评价供水是否满足矿山和选厂的要求。

（2）供电：了解项目外部电网设施与项目地的距离、可供给量、电价、用电许可等情况，评价供电负荷是否满足矿山和选厂的要求。

（3）交通：了解项目水路、陆路、航空等交通途径与项目地的距离、交通状况等情况，评价交通运输条件是否满足矿石的运输要求。

（4）主要对项目当地的地方建材及生产原辅材料供给情况、项目现场已有设施情况、供气管路、通讯、设备维修、生活物资供应和劳动力等情况进行了解，以便作为下一步的项目经济性评价的相关计算参数。

## 5.3.2　自然环境评价

自然环境评价主要包括以下几点：

（1）地形地貌条件：了解项目地海拔高度、地形类别、地貌特征、植被分布等情况，评价以上情况对项目开发可能造成的影响。如对于海拔高度大于 5000 m 的矿产资源，其矿山工作制度变化（主要相比低海拔项目年工作天数减少）及相关职工薪酬、原材料价格的上涨均会对项目的经济性产生重大影响，一般对海拔高度大于 5000 m 的项目暂不考虑。

（2）气象条件：了解项目地气候类型、年平均降雨量、年最大降雨量、小时最大降雨量、年平均温度、最高温度、最低温度、最大冻结深度、最大积雪深度、年平均日照时间、最大风速及风向、盛行风向、地震烈度等情况，评价以上情况对项目基础设施建设产生的影响。

（3）环保：目前无论是发达国家还是发展中国家，在制定和完善矿业法的过程中，都非常注重对环境问题的考虑。在环境保护方面，从勘查、采矿、选矿、冶炼到闭坑复垦，都制定了有关的环境保护和管理规定。因此，在项目评价时必须对环保方面进行详细评价，以避免对项目的后期开发产生重大影响。评价的主要内容如下：

①对当地的相关环境保护法律法规进行了解、掌握，明确项目是否位于环境保护区内。

②如果项目位于环境保护区内，是否可以进行勘查、矿山开采，是否需要办理相关许可文件。

③当地对"三废"的排放要求。

（4）建筑及历史遗迹

在项目评价的过程中要注意项目地周边是否存在公路、铁路、历史遗迹等，并按照相关法律规定，评价以上建筑或遗迹等对项目开发所造成的影响。评价的主要内容如下：

①项目地周边如有主要交通线路，如高速公路、铁路等，当地的相关公路、铁路安全法对道路两旁可开采范围的限制是否对项目的资源储量产生影响。

②项目区内或附近如有历史遗迹、宗教建筑等时，项目的勘查开发是否会对其造成影响。

③项目区内是否存在居民区，项目的开发对居民区的影响，是否需要对居民区进行拆迁。

### 5.3.3 社区环境评价

随着人民环保意识和自我保护意识的提高，矿业开发过程对社区环境的影响及社区关系的正确处理，也成为制约矿产资源项目开发的重要因素。

不论国内还是国外，矿业开发都会对当地社区环境产生影响，有利有弊。有利影响包括改善或增加当地基础设施条件，大幅提高和活跃当地经济，增加社区居民就业机会和收入，改善当地居民生活、教育、医疗水平。不利影响包括矿业开发过程对当地环境的污染和破坏，因矿业设施的增加导致当地居民搬迁，失去耕地，改变了社区居民以往的生活方式，甚至外来文化对当地文化及居民宗教信仰产生冲击等。

当地社区居民作为矿业开发的直接利益方，对矿业开发持有的态度将直接决定矿业项目能否顺利开发运营。能否处理好矿业开发过程与当地社区的关系，也是对矿业开发企业的严峻考验。

因此，我们要从利弊两方面去评价资源项目对当地社会、社区的影响。主要评价内容包括：

(1)社区及附近基础设施；

(2)社区居民受教育程度、就业方向、收入及经济来源；

(3)社区居民生活、医疗水平；

(4)当地社区居民生活方式、宗教信仰及对外来文化的接受程度；

(5)资源开发对当地居民生活环境、用水、用电、道路交通等基本生活条件的影响；

(6)待开发项目区域内是否有居民需要搬迁，及搬迁难度；

(7)待开发区域内是否存在耕地、牧区、林场等土地损失，及引发的赔偿；

(8)当地社区对矿业开发的接受程度。

## 5.4　矿产资源并购项目经济性评价

矿产资源经济评价是指根据国民经济需要、当前的生产技术水平与合理利用矿产资源的原则，运用技术经济方法，全面分析各种因素（自然、技术与社会经济）对矿产资源开发利用的影响，论证其工业意义及开发利用的经济价值，为资源开发利用的合理性提供依据。

与其他经济活动（或行为）相比，矿产资源并购项目投资额大、不确定性因素多，因此更需要依据项目资料实施经济性评价，规避风险，为进一步经营规划提供参考。

### 5.4.1　经济性评价的内容

矿产资源并购项目的经济性评价是从矿山企业实际生产经营的角度，评价勘探投资经济效果以及矿产经济评价的可靠程度。矿产资源并购项目的经济性评价主要从工程投资评价、财务效益评价、经济风险评价、综合评价四个方面展开。

（1）工程投资评价

工程投资评价，应明确项目的投资估算内容，在国家规范标准指导下依据资源量、矿体开采技术条件、开采方式以及基建期基础设施建设、行政管理、服务型工程建设的问题进行项目的投资估算。

（2）财务效益评价

在投资项目经济性评价过程中，需要分析各项财务效益指标。一般而言，投资者主要依据财务净现值（FNPV）、财务内部收益率（FIR）和动（静）态投资回收期这三项指标进行项目的财务效益评价。

财务净现值是指项目在计算期内按基础折现率（基准收益率）将项目各年的净现金流量折算成期初的现值后，求得的年现值代数和。财务净现值等于零时，项目可按基准收益率水平收回投资或收益，故项目可行，否则项目不可行。

财务内部收益率是指关于项目计算期内各年净现金流量现值代数和为零时的折现率。其值越高说明项目财务特性越好，项目越可行。故该指标常被用作判断项目经济性的最重要指标。

动（静）态投资回收是在区分是否考虑资金的时间价值的情况下，按以项目净收益收回全部投资（固定资产投资和流动资产资金）所需要时间的定义表达式来计算得来的。本书主要采用财务内部收益率指标(FIRR)作为项目经济可行性分析的指标进行研究。

(3)经济风险评价

风险是指发生危险事件的概率,它具有不确定性、客观性、普遍性、损失性和社会性等特点,因此应对风险进行提前预测,并做好相应准备,努力将风险可能带来的损失降到最低。

经济风险评价应明确项目投资比例、项目投资回收期,依据长期、远期资源波动情况以及项目股权结构等因素预测对项目的经济效益影响。

经济风险分析应采取定性与定量相结合的方式。定量分析是为提高项目的抗风险能力,对影响项目运营的经济效益的因素做评估。

通常采用敏感性分析,敏感性分析是指从众多不确定性因素中找出规划和决策过程中对工程投资项目经济效益指标有重要影响的敏感性因素,并分析测算其对项目经济效益指标的影响程度和敏感性程度,据此判断项目承担风险的能力。敏感性分析采用敏感度系数,表示项目评价指标对不确定因素的敏感程度。

敏感度系数计算公式为:

$$SAF = (\Delta A/A)/(\Delta F/F) \tag{5-6}$$

式中:$\Delta A/A$ 为评价指标的变动化率,如净现值或内部收益率;$\Delta F/F$ 为不确定因素的变化率;$SAF$ 越大,表明评价指标对于不确定因素 $F$ 越敏感。

(4)综合评价

综合评价是在国家现行财税制度和价格体系的前提下,充分考虑项目所在地区的实际情况,分析项目的投资经济效果,财务评价参照国家发展改革委和建设部颁发的《建设项目经济评价方法与参数》(第三版)设计规范进行。

## 5.4.2 经济性评价途径

对项目的经济性评价一般采用资产评估的思路及方法。资产评估途径是判断资产价值的技术思路,主要有市场途径、收益途径和成本途径三大基本途径,通过这些技术思路产生具体的评估方法,构成资产评估方法体系的基本架构。矿业资产作为资产的一种,其评估途径和方法具有资产评估的一般性,也有作为矿业资产的特殊性。

成本途径是基于产生实用价值的成本来分析的,即资产价值取决于获得或生产该资产的成本,或者有相同、相似使用价值的替代资产的获得或生产成本。矿业市场的成本评估是指通过矿业项目的现实成本加价或减溢价、贬值来评估矿业资产的。由于矿业资产的不可确定性，使资产投入与产出差异巨大，相同的投入也很难会有相同的产出，因此，矿业资产采用成本途径评估，可靠性不高，仅仅依靠投入来评估，对于矿产资源不明晰的情况还可接受，而对于探明的矿产资源这一方法则不易被接受。国外这一途径通常用于缺少相关的市场交易可供参照的情况，需与其他途径配合使用。这一途径对评估人员的专业要求较高，要求评估人员具有较好的地质调查知识，有较丰富的勘查经验。在美国等国的财产纠纷判例中，法院很少认同和采信这一方法，但可以作为一种分析工具，来分析影响资产不同因素的价值贡献，通常成本投入大的因素较为重要。这一途径的具体方法有估定值法、勘查投入乘数法、重置成本法等。

收益途径则是通过被评估资产在未来预期收益的现值来判断资产价值的各种评估方法的总称，采用将利求本的思路，按照未来的收益来判断和估算资产的价值。任何一个理智的投资者，在购置或投资某一资产时，所愿意支付或投资的货币数额不会高于所购置或投资的资产在未来能给其带来的回报，即收益额。收益途径适用于技术经济数据比较丰富的情况，一般探明了资源量，采用折现现金流量模型计算。对于没有明确矿产资源的资产，收益途径评估矿业资产并不是一个适当的办法。同时，收益途径评估矿业资产，还存在众多有争议的地方，主要是对矿业未来的技术、经济参数等无法合理预测。这一途径的具体方法有折现现金流量法、实物期权定价法等。

市场途径是利用市场上同样或类似资产的近期交易价格，经过直接比较或类比分析以估测资产价值的各种评估技术方法的总称。因为任何一个正常的投资者在购置某项资产时，他所支付的价格不会高于市场上具有相同用途的替代品的现行市场价格。在评估某一矿业资产的价值时，根据替代原理，将待评估的矿业资产与近期完成交易的、类似环境和类似地质特征的矿业权的地质、采选等各项技术、经济参数进行对照，分析其差异，对参照的矿业权价值进行调整，调整后的价值作为待评估矿业资产的价值。这一方法较为直接，但与这个矿业市场的完善、成熟程度有关，如果同一成因类型、各地质因素相近、近期进行交易的可比矿业资产交易不多，相关的资料较难收集，甚至是无法收集，这种评估方法就会难于应用。这一途径的具体方法有可比销售法、联合风险勘查协议法、经验法等。

按照《中国矿业权评估准则》，我国的矿业权评估的三种途径包含了 10 种方法。

收益途径可分为一般折现现金流量法、折现剩余现金流量法、剩余利润法、收入权益法和折现现金流量风险系数调理法，主要适用于采矿权评估，对于详查以上的勘查阶段的探矿权或赋存于稳定的沉积型大中型矿床在普查阶段的探矿权评估也可选用。

成本途径可分为勘查成本效用法和地质要素评价法，主要适用于普查阶段的探矿权评估，由于对于不同矿种的探矿风险不同，这一评估方法在《中国矿业权评估准则》中明确规定不适用于赋存稳定的沉积型大中型矿床中勘查程度较低的普查阶段的探矿权评估。

市场途径可分为可比销售法、单位面积探矿权价值评判法和资源品级探矿权价值估算法，后两种评估方法都是粗估法，是可比销售法的简化应用。

## 5.4.3  矿业权资产价值评价

矿业权资产价值评价方法的选择主要依靠矿产资源勘查开发阶段来确定，数据越丰富，评价方法越容易确定。不同勘查开发阶段的矿业资产需要寻找适合的评价方法。

按照资源勘查程度，是否获得储量也可以成为选用合适评估方法的重要依据。在加拿大多伦多证券交易所创业板市场上市规则中，交易所可接受的首选评估方法规定：对于获得储量的矿业资产，有当前或相关的可行性报告的，首选折现现金流量法，对仅为资源量的一般不接受折现现金流量法；对于没有获得储量的矿业资产，市场比较法为主要适用方法，可以决定资产的公允市场价值，若采用成本法，交易所一般不接受可保证的预期投入，相关的管理投入也不接受。

在一般资产评估概念中，成本途径下较常用的方法还有成本重置法和成本复制法。这两种方法都是依据目前的经济环境和价格水平下获得或复制一个被评估资产所需要的成本来评估被评估资产目前的价值。然而，由于每个矿资产在一定程度上都有其特殊性和唯一性，因此，理论上来说也不存在复制或重置一个矿资产的可能性。正是因为如此，这两种方法在矿资产评估中并不被采用。

下面将就三种评估途径中的常用评估方法进行介绍。

（1）可比销售法

可比销售法是基于替代原则，将评估对象与在近期相似交易环境中成交，满足各项可比条件的矿业权的地质、采矿、选矿等各项技术、经济参数进行对照比较，分析其差异，对相似参照物的成交价格进行调整估算评估对象的价值。

通常可比销售法既可用于待开发阶段的矿产，也可用于勘查阶段的矿产，但主要还是用于勘查阶段的矿产、处于勘查初级或较高级阶段有推测资源量或指示资源量的矿产。在资源的经济性没有查明前，粗估法、可比销售法是西方国家较为常见的方法。

可比因素通常包括可采储量、矿石品位（质级）、生产规模、产品价格、矿体赋存开发条件、区位基础设施条件、资源储量、物化探异常、地质环境与矿化类型。

不同的地质勘查工作阶段选取不同的可比因素，其计算公式不同。

按照《中国矿业权评估准则》，详查以上探矿权及采矿权评估（含简单勘查或调查即可达到矿山建设和开采要求的无风险的地表矿产的采矿权评估）计算见式（5-7）：

$$P = \frac{\sum\limits_{i=1}^{n}(P_i \cdot \mu_i \cdot \omega_i \cdot t_i \cdot \theta_i \cdot \lambda_i \cdot \delta_i)}{n} \qquad (5-7)$$

式中：$P$ 为评估对象的评估价值；$i$ 为相似参照物序号；$\mu$ 为可采储量调整系数；$\omega$ 为矿石品位（质级）调整系数；$t$ 为生产规模调整系数；$\theta$ 为产品价格调整系数；$\lambda$ 为矿体赋存开采条件调整系数；$\delta$ 为区位与基础设施条件调整系数；$n$ 为相似参照物个数。

勘查程度较低阶段的探矿权评估计算见式（5-8）：

$$P = \frac{\sum\limits_{i=1}^{n}(P_i \cdot P_a \cdot \xi \cdot \omega \cdot \nu \cdot \phi \cdot \delta)}{n} \qquad (5-8)$$

式中：$P$ 为评估对象的评估价值；$P_i$ 为相似参照物的成交价格；$P_a$ 为勘查投入调整系数；$\xi$ 为资源储量调整系数；$\omega$ 为矿石品位（品质）调整系数；$\nu$ 为物化探异常调整系数；$\phi$ 为地质环境与矿化类型调整系数；$\delta$ 为区位与基础设施条件调整系数；$n$ 为相似参照物个数。

（2）地质要素评序法

地质要素评序法是基于贡献原则的一种间接估算探矿权价值的方法。具体是将勘查成本效用法估算所得的价值作为基础成本，对其进行调整，得出探矿权价值。调整的依据是评估对象的找矿潜力和矿产资源的开发前景。要求探矿权已进行较系统的地质勘查工作，有符合勘查规范要求的地质勘查报告或地质资料，并具备比较具体的、可满足评判指数所需的地质、矿产信息，在探矿权外围有符合要求的区域地质矿产资料。

按照《中国矿业权评估准则》，其计算方法见式（5-9）：

$$P = P_c \times \alpha = \Big[ \sum_{i=1}^{n} U \times P_t \times (1 + \varepsilon) \Big] \times F \times \prod_{j=1}^{m} \alpha_j \qquad (5-9)$$

式中：$P$ 为地质要素评序法探矿权评估价值；$P_c$ 为基础成本（勘查成本效用法探矿权评估价值）；$\alpha_j$ 为第 $j$ 个地质要素的价值指数（$j = 1, 2, \cdots, m$）；$\alpha$ 为调整系数（价值指数的乘积，$\alpha = \alpha_1 \alpha_2 \alpha_3 \cdots \alpha_m$）；$m$ 为地质要素的个数。

由于本方法中的价值指数是由专家评判而来，故本方法的最终评估价值主要取决于专家的经验丰富程度。因此《中国矿业权评估准则》要求采用本评估方法所聘用的专家应具有丰富实践经验和高级以上技术职称。一般以地质矿产专业为主，根据评判需要兼顾物化探、矿业经济等专业，聘用专家人数不少于5名。

（3）折现现金流量法

折现现金流量法是在一定的假设条件下估测和计算被评估对象在评估期间的预期收益，然后将其折算成现值，以此来确定被评估对象价值的一种评估方法，是采矿权评估中经常采用的一种基本方法。

其基本原理为：任何一个矿业投资者拥有该矿权地，都能够获得一定的收益，并且在采矿权交易过程中，买卖双方所支付或获得的价格都不会大于该矿权地的预期收益现值，这是因为投资者有权取得与投资风险相匹配的超额收益，但也不能全部占有因矿业开发所带来的超额利润。换言之，采矿权价格只是因矿业开发所带来的超额利润的一部分，故可借助扣除法加以确定，即先从矿业开发收益中扣除矿业投资者应该获得的合理收益（涵盖其合理的风险收益），剩余部分就是采矿权的合理价格。

《矿业权评估指南》中折现现金流量法的计算见式（5-10）：

$$P = \sum_{t=1}^{n} (CI - CO)_t \cdot \frac{1}{(1 + i)^t} \qquad (5-10)$$

式中：$P$ 为矿业权评估价值；$CI$ 为年现金流入量；$CO$ 为年现金流出量；$(CI-CO)_t$ 为年净现金流量；$i$ 为折现率；$t$ 为年序号（$t = 1, 2, \cdots, n$）；$n$ 为评估计算年限。

表5-1是经过折现现金流量法计算后的最终项目综合经济技术指标表，其中仅对地质资源、露天开采、选矿、尾矿库等技术指标进行简要说明。

表 5-1　综合经济技术指标表 ( 示例 )

| 序号 | 一级分类 | 二级分类 | 三级分类 |
|---|---|---|---|
| 1 | 地质资源 | 矿床工业类型 | 矿体走向长度 |
| | | 矿床赋存条件 | 矿体平均厚度 |
| | | | 矿体平均倾角 |
| | | | 矿体赋存最高标高： |
| | | | 矿体赋存最低标高： |
| | | 地质资源量 | 矿石 |
| | | | 资源量 |
| | | | 品位 |
| | | | 金属量 |
| | | 矿岩物理机械性质 | 体重 |
| | | | 硬度系数 |
| | | | 松散系数 |
| | | 矿床水文地质条件 | |
| 2 | 露天开采 | 露天境界内矿岩总量 | 矿石量 |
| | | | 岩石量 |
| | | 矿山生产能力 | |
| | | 计算年最大矿岩量 | |
| | | 基建剥离量 | |
| | | 建设期 | |
| | | 计算服务年限 | |
| | | 剥采比 | |
| | | 开拓运输方式 | |
| | | 矿石及废石平均运输距离 | |
| | | 开采下降速度 | |
| | | 采矿贫化率 | |
| | | 采矿损失率 | |

续表5-1

| 序号 | 一级分类 | 二级分类 | 三级分类 |
|---|---|---|---|
| 3 | 选矿 | 处理原矿能力 | 回收率 |
| | | 选矿工艺流程 | 精矿品位 |
| | | 选矿处理矿石品位 | 精矿产率 |
| | | 精矿 | 精矿产量 |
| | | | 精矿含金属量 |
| 4 | 尾矿库 | 尾矿排放量 | |
| | | 尾矿库有效库容 | |
| | | 尾矿库服务年限 | |

# 5.5 矿产资源并购项目风险评价

在国内市场，要想在激烈的市场竞争中突出重围，做大做强，必须要走国际化经营路线，与时代接轨。我国政策鼓励企业积极"走出去"，以海外并购为重要内容，企业可以通过这种方式，在全球范围内快速获取优势资源，我国企业在"走出去"的过程中，机遇与挑战并存，抓住机会实现可持续发展并非易事。近几年，中国矿业企业已成为海外并购市场的主力军之一，但总的来看，"凯旋者少，铩羽而归者众"。而原因除了客观实力问题以外，大多是自身功课做得不到位，对"走出去"可能面临的风险研判不足。海外并购活动的频率与成功率并不能等同，资源型企业起步晚、经验不足、投资周期长、规模大、范围广、要求高，因此，资源型企业进行海外并购，面临的风险错综复杂，要在做出决策前对风险进行识别与应对，将风险发生的概率降至最低。

## 5.5.1 项目风险等级的划分及相关处置原则

风险评价是指对比风险分析结果与风险评估标准，以确定或决定风险及其实际所处的等级或程度，做出风险水平"微小、较小、一般、较大、重大"的说明和提示，确定风险是否能够接受和容忍的过程。

开展风险评估，可以通过调查问卷、集体讨论、情景分析、事件树分析、计算机模拟,以及定性分析与定量分析等方法,对决策实施的风险进行科学预测、综合研判。

本项评价方法主要是在以上技术评价、环境评价、经济性评价的基础上,根据每一项评价所存在的问题,对该项问题所可能导致的项目风险进行打分,并根据每一项风险制定相关措施以规避风险或降低风险等级。

评估风险水平要综合考虑风险发生的可能性和风险发生后的影响程度(风险水平=风险影响程度×可能性)。

对于可能性的量化分析,每个维度可以进一步细化为若干评分标准,影响程度分为 5 个等级,分别赋予 0 至 100%的区间评估值,表示发生可能性依次加强,得分越高意味风险发生的可能性越大。

对于严重程度的量化分析,每个维度可以进一步细化为若干评分标准,影响程度分为 5 个等级,分别赋予 0 至 100 分的区间评估值,表示影响程度依次加强,得分越高意味风险影响程度越大。

表 5-2 风险等级评分表

| 风险等级 | | 风险发生后的影响程度 | | | | |
|---|---|---|---|---|---|---|
| | | 极低<br>微不足道<br>(0~20] | 低<br>轻微<br>(20~40] | 中等<br>中度<br>(40~60] | 高<br>重大<br>(60~80] | 极高<br>灾难性<br>(80~100] |
| 风险发生的可能性 | 极低<br>几乎不可能<br>(0~20%] | 微小风险 | 微小风险 | 较小风险 | 一般风险 | 一般风险 |
| | 低<br>不太可能<br>(20%~40%] | 微小风险 | 微小风险 | 较小风险 | 一般风险 | 较大风险 |
| | 中等<br>可能<br>(40%~60%] | 微小风险 | 较小风险 | 一般风险 | 较大风险 | 重大风险 |
| | 高<br>很可能<br>(60%~80%] | 较小风险 | 一般风险 | 一般风险 | 较大风险 | 重大风险 |
| | 极高<br>确定/肯定<br>(80%~100%] | 一般风险 | 一般风险 | 较大风险 | 重大风险 | 重大风险 |

项目综合风险等级划分为 5 个级别，处置原则详见下表：

表 5-3　风险处置原则

| 等级 | 定义 | 风险值范围分 | 处置原则 |
|---|---|---|---|
| Ⅴ | 极低 | 0~20 | 极低风险，完全可以接受的风险。可以忽略，按计划推进项目。 |
| Ⅳ | 低 | 21~40 | 低风险，可接受的风险。观察风险变化情况，维持风险等级。 |
| Ⅲ | 中 | 41~60 | 中等风险，边缘风险。需制定风险处置方案，确定风险责任人，在一定期限内对风险进行处置并降低。 |
| Ⅱ | 高 | 61~80 | 高风险，不可接受风险。需紧急采取应对措施，及时确定风险责任人，尽快降低风险。 |
| Ⅰ | 极高 | 81~100 | 极高风险，不可容忍风险。需立即实施综合处置措施，或在风险降低之前停止与项目相关的活动。 |

## 5.5.2　项目专项风险应对

对评分为高级和极高等级的二级专项风险，制定风险应对方案。

风险应对方案应包括解决特定风险所要达到的具体目标、所涉及的管理及业务流程、所需的条件和资源、所采取的具体措施及风险应对工具等内容。方案须对消除或降低风险等级具有可操作性、经济性和时效性。

表 5-4 就矿产资源项目前期论证及投资决策阶段的资源风险、技术风险、建设条件风险、经济性风险四个方面内容进行了简要说明。

表 5-4　矿产资源项目前期论证及投资决策阶段专项风险评价内容 ( 示例 )

| 一级风险 | 二级风险 | 评价内容 |
|---|---|---|
| 资源风险 | 资源储量风险 | 资源评估标准 |
| | | 资源级别 |
| | | 资源数据与公司地质建模结果的误差 |
| | 资源矿种风险 | 资源矿种与公司资源战略的吻合程度 |
| | | 资源矿种与当地矿业法规的吻合程度 |
| | 资源品位风险 | 资源平均品位与行业标准的对比结果 |
| | | 国内 ( 国外 ) 资源项目平均品位与我国 ( 国外 ) 行业标准对比结果 |
| | | 资源平均品位与同地区类似资源项目的品位对比结果 |
| | 资源信息风险 | 原始地质编录数据与钻孔数据库的一致性程度 |
| | | 钻孔数据与岩芯分析或副样分析的一致性程度 |
| | | 钻孔数据与验证工程取样化验分析的一致性程度 |
| 技术风险 | 采矿工艺技术风险 | 矿床开采技术条件：开采难易度、采矿损失率、贫化率、回采率 |
| | | 采矿工艺技术的成熟度 |
| | 选矿工艺技术风险 | 选矿厂设计指标是否可行，规划是否合理 |
| | | 选矿工艺技术的成熟度 |
| | 冶炼工艺技术风险 | 冶炼厂设计指标是否可行，规划是否合理 |
| | | 冶炼工艺技术的成熟度 |
| 建设条件风险 | 自然条件 | 水文、工程、环境地质：地形地貌、自然气象、工程地质、水文条件等是否存在不确定性 |
| | | 地质灾害：发生的频率、级别 |
| | 基础设施 | 电力、水利、交通、能源、通信设施等是否存在不确定性 |
| | 物资供给 | 材料、装备供给 |
| 经济性风险 | 投资效益风险 | 项目是否具有经济性、税收政策影响 |
| | 筹资风险 | 投资总额对公司影响 |
| | | 项目后续筹资难度 |
| | 投资评价风险 | 项目研究程度 |

## 5.6　本章小节

矿产资源并购项目的评价主要分为技术评价、环境评价、经济性评价、风险评价四个方面。

技术评价分为地质资源、采矿、选矿、冶金工艺评价。地质资源评价主要是从矿业权、勘查工作质量、矿体圈定的合规性、资源储量估算的准确性等方面确认项目资源储量是否可靠。采矿工艺评价主要是根据项目外部建设条件、矿山采矿权范围、矿体开采技术条件以及矿岩的物理力学特征，确定矿山开采方式、开采范围、开采顺序及开采方案，合理选型矿山设备，评价项目在采矿技术上的可行性。选矿工艺评价主要是以选矿方法及理论为基础，结合实际经验和现场尽职调查，用类比分析的手段，对比国内外相似选厂的生产实际，评价选矿指标合理性、选矿技术可行性、设备匹配合理性、精矿质量等选矿技术经济参数，为资源收并购提供技术可行性支撑。冶金工艺评价通过对冶金工艺和建设方案等进行详尽的技术评价，判断冶金工艺的可行性。项目环境评价分为建设条件评价、自然环境评价、社区环境评价。建设条件评价主要是对项目开采及选冶所必需的外部条件，如供水、供电、交通等方面进行评价。自然环境评价主要是从项目地的地形地貌、气候条件、环保要求、建筑及历史遗迹等方面对影响项目开发的因素方面进行评价。社区环境评价主要是从项目开发对社区的影响方面进行评价。

对项目的经济性评价一般采用资产评估的思路及方法，主要有三大基本途径，即市场途径、收益途径和成本途径。收益途径主要适用于采矿权评估，对于达到详查及勘探阶段的探矿权或赋存于稳定地层的沉积型大中型矿床在普查阶段的探矿权评估也可选用，主要评价方法有折现现金流量法、折现剩余现金流量法、剩余利润法、收入权益法和折现现金流量风险系数调理法；成本途径主要适用于普查阶段的探矿权评估，主要评价方法有勘查成本效用法和地质要素评价法；市场途径适用于不同的资产类型和不同阶段的资产评估，主要评价方法有可比销售法、单位面积探矿权价值评判法和资源品级探矿权价值估算法，后两种评估方法都是粗估法，是可比销售法的简化应用。

项目的风险评价主要是在技术评价、环境评价、经济性评价的基础上，根据每一项评价所存在的问题，对该项问题所可能导致的项目风险进行打分并划分风险等级，并根据每一项风险所处的不同等级，制定相关措施以规避风险或降低风险等级。

# 第6章 矿产资源并购尽职调查方法

## 6.1 矿产资源尽职调查

当前国内越来越多的企业选择并购作为其实施扩张战略的主要方式，并购已成为各类企业快速扩大规模、增强实力、提高效率的重要手段。从资源、经济和国家安全等角度考虑，中国矿业企业"走出去"进行海外并购确实是大势所趋。

尽职调查（简称"尽调"）是企业并购程序中重要的环节之一，也是并购运作过程中最重要的风险防范工具。尽职调查也叫"审慎调查"。指在并购过程中收购者对目标公司的资产、经营和财务情况、法律关系以及目标企业所面临的机会与潜在的风险进行的一系列调查。调查过程中通常利用地质、采矿、财务、税务等方面的专业经验与专家资源，形成独立观点，用以评价项目优劣，为管理层决策提供支持。

尽职调查之所以重要，在于其在企业并购过程中起着以下两个作用：

首先，为企业制订并购策略提供可靠依据。通过尽职调查了解目标公司财务、法律、经营等各方面的信息，将这些信息与并购方的并购目的相核对，以确定并购行为是否继续进行；按照尽职调查结果对前期制订的并购方案、计划进行确认或修正，确定估值的基本假设和估值模型；尽职调查结果也是设计交易路径及交易结构方案、制订整合方案的重要依据。

其次，有效防范企业并购中的风险。通过对目标企业设立及存续、行业发展趋势、市场竞争能力、公司治理、经营管理、技术研发、资产、负债、财务状况、盈利能力、税务事项、质量控制、环境保护、职工健康及安全生产等的综合性审查，准确描述目标企业的现状，全面揭示目标企业存在的风险，这有助于收购方在确定并购范围、进行并购谈判、制订并购协议时有意识地进行规避。

## 6.1.1 尽职调查原则

尽职调查是投资人与目标公司达成初步合作意向，投资人对目标公司一切与并购有关的事项进行资料分析、现场调查的一系列活动。尽职调查包括三个原则，即独立性原则、专业性原则、真实性原则。

(1)独立性原则。尽职调查的核心任务在于服务决策，降低投资风险。独立性要求尽调参与者能独立、客观地调查，能客观、准确地表达对项目的评价意见，并客观地表述项目存在的风险。

(2)专业性原则。专业性要求尽调参与者保持职业的怀疑态度，运用专业的知识评估项目的风险。

(3)真实性原则。真实性是尽调的本质，切忌因主观原因或者迫于某种压力，故意粉饰项目，夸大或者缩小项目竞争力和潜在收益，掩饰项目存在的风险。

## 6.1.2 尽职调查流程

尽职调查流程主要分为桌面研究、现场调查、价值评估三部分。

(1)桌面研究。在现场调查之前，通常会做一些准备工作，这些工作包括按照尽职调查涉及专业成立尽调组并进行任务分工、项目资料研究、项目公司基本情况了解、项目公司所处行业了解、尽调保密协议拟定、尽调材料清单准备、高管访谈清单准备、尽调材料完善度核查等。此阶段主要是对目标公司提供的资料进行深入研读、分析，如果存在没有提供的材料(或提供的不充足)应通知对方补充提供，并制定详细有效的尽职调查方案，这个过程实际是寻找风险、挖掘风险点的过程，为下一阶段有的放矢地开展现场调查做准备。

(2)现场调查。现场调查工作流程是与目标公司进行项目交流并收集所需资料，包括资源尽调、法务尽调、财务尽调等。项目交流及资料收集一般情况下，入场后首先会与项目公司的实际控制人就该项目进行深入的交流，包括实际控制人的背景、对项目的整体介绍、团队情况、组织架构、项目投入情况、财务状况、

## 目标企业

## 尽调团队

## 委托方

```
接受任务  ──────  发出尽调需求，
                  提供项目资料
    │
成立尽调组
专业任务分工
    │
研究资料、提                               桌
交所需资料清                               面
单、确定尽调                               研
范围、制定尽                               究
调方案
```

```
                与业主交流、
                收集资料
                    │
提供所需资料，      资料尽调        协助提供资料，      现
协助现场尽调 ───                    安排与目标企业      场
                法务尽调   补充     对接              调
                           尽调                      查
                财务尽调
```

```
风险评估
    │
风险规避
    │
反馈调查结果 ─── 审核 ─Y─ 确认尽调成果
              N↑
撰写报告 ─── 审核 ─Y─ 通过评审              价
          N↑                                值
资料归档                                    评
    │                                       估
  结束
```

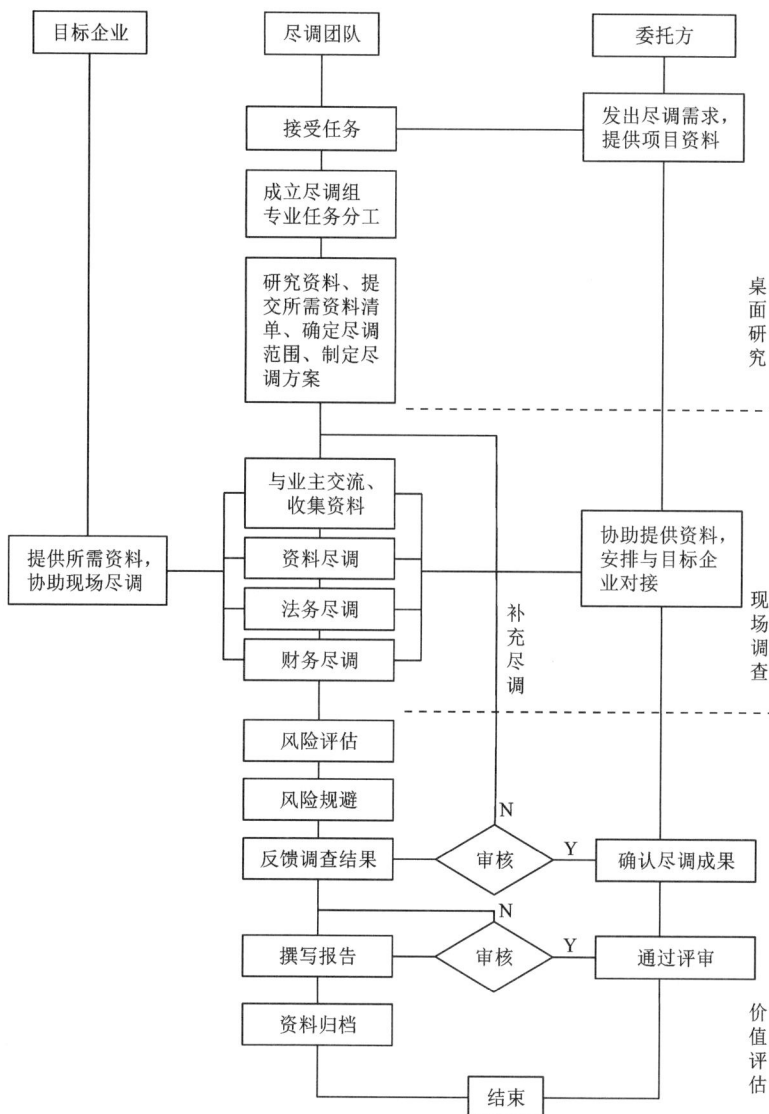

**图 6-1　尽职调查流程**

业务资质及人力福利各方面的规范性、项目优势、产品研发、上下游渠道、公司
运营等。对尽调材料的真实性核查是尽调工作的一大重点，真实性核查可以查看
材料的原件、原始凭证。同时，在通过与公司管理层交流，对公司的了解更进一
步后，如果发现之前的尽调材料有不足之处，可以让项目公司补提供尽调材料。

资源尽调包括资源核实和验证、采选调查、建设条件调查、技术经济评价等方面内容。法务尽调是对目标公司企业资质、资产和负债、对外担保、重大合同、关联关系、纳税、环保、劳动关系等一系列法律问题的调查。核实目标公司设立相关原件、业务许可相关证明原件、贷款合同原件、工资发放等。财务尽调是由专业财务人员针对目标公司与项目并购有关财务状况的审阅、分析等调查内容,包括调查目标公司财务状况,核实会计报表内各科目的真实性、核对各科目余额与科目明细、核查会计凭证等。

(3)价值评估。在桌面研究和现场调查的基础上,对矿山当前表现的价值作评估,甄别项目可能存在的风险因素和制定风险防范措施,并将尽调结果向委托方反馈,如果委托方认为尽调结果还需完善则需要对不足之处进行补充尽调。如果委托方认可尽调结果则编写尽调报告并提交成果为委托方商务谈判提供可靠依据。

### 6.1.3 尽职调查内容

根据工作内容不同可将尽职调查工作分为三类,即资源尽职调查(又称技术尽职调查)、法务尽职调查、财务尽职调查。

资源尽职调查分为资源核实和验证、采选调查、建设条件调查、技术经济评价四部分。

(1)资源核实和验证

资源项目并购首要的问题就是地质资源问题,主要关注地质资源的权属(权证)、规模、品质以及可靠性问题。开展工作有地质资源资料收集和评价、矿权与资质核查、资源/储量核查三部分工作。

资料收集和评价:主要收集项目位置、社会和人文地理信息、矿业权证书和面积坐标、矿业权周围的地形图、地质和构造图、地质调查、勘探历史、样品的化学测试结果、地球物化探调查报告、地表情况、矿产勘探和开采、资源情况等;通过公共资源如网络、公共出版物和政府机构对矿区所在国和所在地的社会环境、经济环境、基础设施、适用的地方地质勘探和开采的法规及标准、矿业政策和规定等内容。根据收集到的资料,对项目资料的完整性、逻辑性、合规性等进行初步评价。

矿权与资质核查:核对矿权证原件,对矿权资质证书有效性、时间、延续情况进行调查;对项目原勘探单位、地质报告编制单位资质状况进行调查。

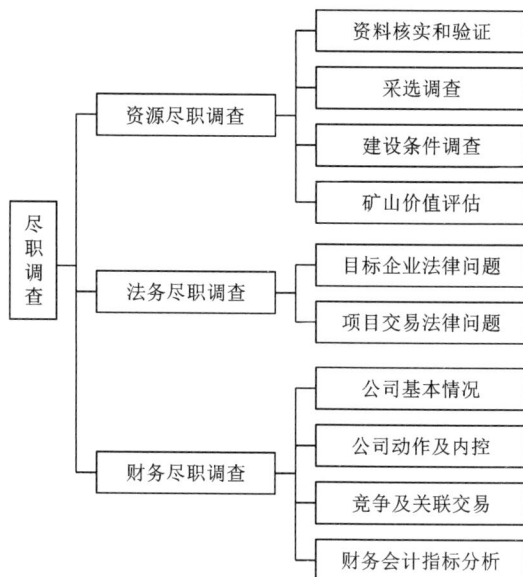

图 6-2　资源尽职调查内容

资源/储量核查：项目资源储量是并购项目过程中的重中之重，资源储量影响着项目经济价值，主要内容包括勘查工程核查、原始地质编录资料检查、化验分析检查、现场踏勘、工程验证、测量核查、地质模型核查等。

①勘查工程核查

抽查一定数目钻孔进行现场钻探施工痕迹检查、孔位复测工作，确定项目勘探工作真实存在。

②原始地质编录资料检查

抽查一定比例的地质编录资料、地质数据库信息和岩芯，进行现场钻孔岩芯的原始地质编录检查，核对其岩芯实物资料是否与地质编录及数据库资料一致；

③化验分析检查

查看历史化验单位资质情况及采用的化验分析方法；收集项目原始钻孔化验分析单，并与提供的钻孔数据库进行检查、对比。

对原钻孔岩芯样进行取样，按照原钻孔采样对应位置，根据实际情况随机抽取钻孔岩芯样品化验分析并与原分析结果进行比对。

随机抽取一定比例的化验样品进行二次化验分析验证。

④现场踏勘

矿区踏勘的内容应包含地质条件和成矿条件、交通运输条件、周围的生活设施和当地社会情况等。有针对性地选择典型剖面进行现场踏勘,对该剖面的主要地质点进行定位、拍照、观察、描述,检查比对与地质剖面是否一致。

⑤工程验证

在项目勘探区域重点关注部位,通过设计验证钻孔,实施钻探工程直接验证项目钻探资料的真实性。以验证探明级和控制级资源量为主,兼顾推测级资源量,同时在具有高品位位置,根据项目具体情况可以考虑布置单个或者多个验证钻孔,对原钻孔中揭露的高品位矿化信息进行验证。

验证钻孔通常在勘探区域内原钻孔附近 1~2 m 位置布设,现场使用专业仪器精确测量钻孔孔口三维坐标,核查人员对钻孔孔口进行现场检查、拍照,查看原勘探工程是否真实存在,并对钻孔周围环境及孔口现状进行记录描述,对现场找不到钻探工程痕迹的钻孔进行登记,询问其原因。核查人员对现场工作进行监督和指导,钻探编录、样品采集、化验分析(含内外检样品)严格按照相关规范执行并进行监督。

⑥测量核查

核实项目所采用的坐标系统。现场工作时,需向业主单位收集正式的测量报告,并进行坐标转换计算、检核。同时配合完成矿权核查、原勘探工程坐标及验证工程施工坐标的测量工作。

⑦地质模型核查

通过三维建模及资源量估算可以快速地掌握矿区地质工作程度、勘探工程网度、矿体空间形态、资源量及其类别、找矿前景等重要信息。在建立钻孔数据库及地质基础三维模型的过程中,若发现业主方提供的资料有错误数据,应及时做好记录。通过现场询问、岩芯检查、化验分析检查等工作,查明错误产生的原因。

在完成室内和现场核查工作后,应对收集到的资料和现场核查结果进行分析。整理矿区的地质和成矿基础条件,矿区的工作程度以及相关的矿产政策和标准等,对现场核查的工作内容、工作质量、结论进行评述说明。最后,以核查技术书面报告形式汇集,供决策层参考。通常情况下需要包括矿业权背景、位置和交通、社会人文(特别是当地居民的社会经济状况)和自然地理、区域、矿区地质和构造、地质找矿工作方法、矿业权所在国的矿产政策和相关标准、资源/储量、核查调查综述、核查工作内容及结论,矿区的找矿前景预测等内容。

（2）采选调查

采选调查是在地质资源核查的基础上，根据地质勘查工作所获得的资料开展工作。主要由采选基础资料收集和评价、采选工艺调查、现场调查和采选工艺可行性分析四部分组成。

①采选基础资料收集和评价

采矿基础资料分析和评价是对项目采矿资料的收集、整理、分析、评价，主要评价项目的开发利用方案设计书、可行性研究报告或初步设计书、银行级可行性研究报告等资料是否齐全，深度能不能满足评价需要；收集矿产资源的原始资料，设计、生产图件，已经消耗的资源量等数据；了解矿产资源已有工程现存状况，分析已有工程及设施在项目中的可利用情况等。对项目提供的资料的充分性、可靠性、合理性等进行评价，初步判断项目采矿技术工艺是否可行。

选矿基础资料分析和评价是对项目选矿资料的收集、整理、分析、评价，主要包括全面收集项目建设方案、矿石工艺矿物研究报告、小型选矿试验报告、选矿工艺优化报告、扩大连选试验报告、落锤试验、沉降试验、尾矿高浓度输送等设备选型相关试验的报告、最终可行性研究报告及相关图纸等资料，核实资料的可靠性，结合资料与现场踏勘结果综合分析选矿工艺数据，确定选矿工艺路线的可行性。

②采选工艺调查

a.采矿

采矿地表地形调查：项目地表是否允许破坏（塌陷、开挖等），收集矿区地表地形图；矿体的实际赋存条件及区域，覆盖层厚度、埋藏深度、矿石量以及品位；

矿山开采供风、供水、排水调查：供风调查是根据矿山采矿方法确定通风方式、供风需要、供风设备等；供水调查是结合矿山生产规模，估算矿山生产每天用水量，调查矿区水源可靠性，以及项目供水装备、用水许可情况，判断是否满足矿山生产用水；排水调查的内容包括当地日平均降水量、最大降水量以及洪灾情况、当地矿山排水标准及规划要求、现场矿山排水的可行性方案。

矿区供配电调查：当地供电能力、电力等级及线路敷设；矿区用电接口、标准及负荷要求。

矿山开采设备调查：校核采矿设备选择的可行性，以及设备选型的合理性、价格等内容。

爆破器材供应及临时存放调查：根据矿区地质条件，结合国内外同类矿山生产实际，选择经济合理的爆破器材；根据矿山设计规范，判断爆破器材临时存放点布置是否合理，并办理相关审批手续。

矿山节能调查：根据矿山设计规范，确定项目节能等级、项目基准综合能耗指标等级要求；项目地需要采取的具体节能措施要求。

矿山安全卫生调查：调查项目地安全影响因素；项目地需要采取的具体安全危害防范措施要求。

矿山水土保持调查：矿区水土保持（包括全矿区的植树、播种草籽、植草皮、土地复垦、生态还原以及相关的水土保持）标准及规范；当地政府对水土保持的具体要求。

b. 选矿

供水调查：结合选厂规模及工艺，估算选矿生产用水量，调查矿区水源可靠性，了解当地供水装备、用水许可情况，判断是否满足选厂工艺用水和生活用水，并对水质进行核实。

供电调查：结合选厂规模及工艺考察项目电力供应方案的可行性和经济性、配套变压器及变电站设备先行及电力保护系统级别能否满足生产需要。

选矿厂主要设备及备品备件调查：根据破碎、磨矿、浓缩设备相关试验报告、预可研或者可研报告及相关图纸，结合实际生产经验，分析预可研或可研中选矿设备选型是否经济合理；调查半自磨机、球磨机、圆锥破碎机、精矿浓密机、压滤机、渣浆泵等设备的能耗、外观尺寸、处理能力；备品备件、耗材供给情况；选矿生产过程中所消耗的原料如钢球、衬板、滤布和胶带等在当地的生产情况和供应情况，落实哪些原料可以在当地购买，哪些原料需要外购等；主要设备操作、维修调查，包括当地设备操作人员操作水平、维修人员维修能力和相关配套设施。

选厂浮选药剂调查：分析选矿药剂种类选择及用量是否经济合理，是否还有进一步优化的空间。

③现场调查

采矿专业现场调查的主要内容包括现场建设条件考察、采矿工业场地选择调查、资料收集等，具体调查内容根据实际情况而定。

选矿专业现场调查主要内容有现场实地考察，包括供水、供配电、道路运输、尾矿排放标准等，核实业主提供的选厂、尾矿库选址方案、选厂的处理能力、尾矿库库容的基本情况是否满足矿产运营期需求等内容。

④采选工艺可行性分析

采矿：根据矿山建设条件、矿山采矿权范围、矿体开采技术条件以及矿岩的物理力学特征，确定矿山开采方式、开采范围、开采顺序及开采方案，合理选型矿山设备，评价项目在采矿技术上的可行性。

选矿：根据所提供资料及现场调查结果，从选场选址、外围建设条件、矿石可选性、工艺技术可行性、设备选型合理性、耗材、备品备件采购便利性、选矿产品及选矿运营成本的合理可行性、尾矿库选址的可靠性、安全环保因素等方面评价项目在选矿技术上的可行性。

（3）建设条件调查

建设条件调查是判断项目是否可行的重要环节。调查内容主要包括项目基础建设条件（交通运输、供水、供电与通信）、自然环境、社区环境、总图、权证等内容。

①基础建设条件调查

交通运输：掌握项目的基本交通运输情况；现场调查进入项目地的道路连接位置、里程、标高，专用线走向，沿线地形地质、占地情况；当地公路路面结构、桥涵习惯做法及造价；掌握项目地产品运输距离、运输车辆、运输线路及货运价格；了解项目矿区是否有规划中的道路、铁路等内容。

供水：查阅水源地相关水文地质资料，评价水文勘查工作程度、结论的可靠性，评价项目中供水量是否可以满足矿山的生产生活需要；地下水水质分析、调查；供水方案依据的水文地质研究及试验工作是否充分；进行抽水试验。

供电：调查变电站的位置及与项目地的距离；可能供电量、供电电压、电源回路数（专用或带有其他负荷）；线路敷设方式（架空或电缆）及其长度；最低功率因数要求；电源馈电线的短路容量及系统阻抗；单项接地电容电流值、三相及单相短路电流值；对工厂继电保护及整定时间的要求、变电站母线短路容量；厂外输电线路设计、施工分工；计费方式与电价；与供电部门的相关协议。

通信：调查电信设施建设过程中的可行性，包括项目地内部生产调度通信系统、指令通信系统、企业信息网络系统、露天矿 GPS 车辆智能调度系统、无线集群通信系统、工业电视监控系统、调度中心大屏幕显示系统、火灾自动报警系统、有线电视系统、UPS 供电系统、弱电设备防雷接地、矿区通信线路等有无可利用的已有设备；线路敷设方式（架空或电缆）；电话系统的型式；电信部门的协议文件。

②环境调查

地理位置：项目所处的经纬度、行政区位置、交通位置、项目所在地与主要城市、车站、码头、港口、机场等的距离和交通条件等。

气候与气象：项目所在地区的主要气候特征、年平均风速和主导风向、平均气温、极端气温、年平均相对湿度、平均降水量、降水天数、降水量极值、日照、主要天气特征等。

环境：项目地是否涉及自然保护区、文物保护区、生物多样性保护区等；项目地相关环保要求。

地质灾害：有无危害的地质现象发展情况崩塌如滑坡、泥石流、冻土等现象等。

社会经济：居民区的分布情况及分布特点、人口数量、人口密度、项目周围地区现有厂矿企业的分布状况、工业结构、工业总产值、能源供给与消耗等。

③社区环境调查

利益相关方调查：当地政府、社区、合作方等利益相关方的要求及协议。

土地利用调查：水源地、项目地土地权属、功能；是否存在征地、拆迁、移民安置等情况，以及相关的拆迁、征地费用、补偿费用协议。

④总图调查

调查项目所处区域现状及相关规划情况，收集项目现场土地利用总体规划、矿区范围界线（坐标），建设用地范围界线（坐标），了解水源、电源基本情况；收集矿区范围内的地形图及项目总平图等相关图纸；对项目新建采选矿工业场地条件及可行性进行调查，并结合采矿开拓运输系统和尾矿库址方案，对采选矿工业场地进行方案对比；对项目采场、采矿工业场地、选矿工业场地（含高位水池区）、炸药库、地面站、排土场、尾矿库、生活区、岩心库、水源地及外部供水、外部供电和外部道路等的总体布置的合理性进行调查；调查项目所处区域防洪、防涝设计及相关情况。

⑤权证调查

掌握当地政府审批项目的程序、环节、步骤，对项目前期已办理的各项批复文件的真实性进行核实，对后续办理的各项权证、审批手续列出清单，对存在的问题或障碍进行分析并提出应对措施。

核准手续调查：办理核准需要的报件材料是否齐全。

矿权调查：已取得的矿权资质证书。

土地使用权调查：用地申报材料是否齐全；项目工业场地、生活区以及供水、供电、道路等配套设施涉及的征地情况(拟征地面积、位置、土地性质、用地手续进展情况、相关费用情况、是否存在纠纷);项目是否符合当地政府土地利用总体规划,如何调整。

环评报告审批调查:项目是否位于自然保护区内;环评报告是否达到评审要求;办理环评批复报件材料是否齐全;是否取得政府排污许可证、环境保护设施合格证、大气污染、噪声污染、工业固体废物相关许可。

水土保持方案审批调查:方案是否达到评审要求;办理批复报件材料是否齐全。

安全评价审批调查:地质灾害评估报告、采选安全预评价报告、尾矿库安全预评价报告等是否达到评审要求;办理批复报件材料是否齐全。

节能评价审批调查:节能评估报告是否达到评审要求;办理批复报件材料是否齐全。

职业病危害评价审批调查:职业病危害评价报告评审的合规性;办理批复报件材料是否齐全。

水权调查:项目取水点选址意见书的有效性;是否存在水权方面的政策障碍,用水许可办理报件材料是否齐全;水资源论证报告是否达到评审要求。

电权调查:电力公司关于矿区供电接入方案的批复的有效性。

(4)技术经济调查

技术经济调查主要通过技术经济基础建立项目的经济模型,并依据建立的经济模型判断项目的经济性。对拟建项目有关的工程、技术、经济、社会等各方面情况进行深入细致的调查、研究、分析,对各种可能拟定的技术方案和建设方案进行认真的技术经济分析和比较论证。

①基础调查

主要材料、辅助材料调查:依据对方提供的资料及项目建设所需原材料、辅助材料进行现场调查,调查原材料、辅助材料价格与运输到项目所在地的运费及损耗;调查市场材料种类及数量。

②主要人工费及人工消耗调查

调查建设地人工费计算标准与当地政府指导价中人工费计算标准的差别;对当地劳力及劳动工种进行调研,了解不同级别工种人工费与政府指导价的差异。

③主要施工机械及机械台班调查

调查项目建设地用到大型机械,机械进出场费用;调研项目所在地域机械作业率。

④项目生产用原料调查

调研项目运营中所需主要原料价格及供应市场情况。

⑤项目用电水气等价格调查

调查当地市政、能源管理、物价部门电水气价格及有无优惠政策情况；核实项目研究报告中用电水汽价格。

⑥项目税率调查

调查当地政府税务部门对项目投资的税率及有无优惠政策。

⑦项目环保要求调查

调查当地政府环保部门关于项目所产生的废水废气及废渣排放政策及价格。

⑧项目所在地铁路、公路、运输情况调查

调查当地政府交通运输管理部门关于项目所需主要材料及原料运输配给情况。

⑨经济模型建立

逐项分析项目技术经济指标，并验算主要数值，判断项目经济可行性。建立项目经济模型，综合研究项目在技术上的先进性和适用性，以及经济上的合理性和可行性。由此确定该项目是否应该投资和如何投资，或就此终止投资等结论性意见，为项目投资者和决策者提供可靠的科学决策依据。

## 6.1.4 法务尽职调查

法务尽职调查是企业聘请专业的法律顾问团队对目标企业的资质、资产、负债、重大合同、对外担保、贷款、纳税、劳动关系、社会保险等一系列有可能牵涉到法律纠纷的问题进行详尽的调查。法律顾问进行法务尽职调查的根本目的是规避因双方企业信息不对称而带来的重大法律风险，为双方关于财务风险、业务风险等方面的交易谈判奠定基础。

为了对目标企业进行彻底调查，法务尽调对象范围要广于目标企业，扩展到其子公司和关联公司。尽调的作用不光在于找出可能导致交易终止的问题，帮助委托人决定是否进行该项交易，还可以查明买入价格和交易条款是否需要调整，以及帮助委托人设计交易方案。而且律师通过尽职调查全面彻底了解目标企业情况，有利于在后续交易过程中给出更有价值的法律意见。

法务尽调的内容主要包括目标公司基本情况、股东股权调查、勘查许可证或采矿许可证的相关情况、公司治理和运作规范、企业经营情况、目标公司的资产、知识产权、重大合同、目标公司的债权债务情况、重大诉讼或仲裁、环保情况、必要的批准文件。

（1）目标公司基本情况

①目标公司的主体资格

主要调查其成立情况、注册登记情况、股东情况、注册资本缴纳情况、年审情况、公司的变更情况、有无被吊销或注销等情况。

②目标公司的成立合同、公司章程

关注合同与章程中是否有防御收购的条款、内容或规定；是否存在禁止更换董事或轮任董事的限制，确定可否在并购后获得对董事会的控制权；是否存在高薪补偿被辞退的高级管理人员及股权权利计划，以正确分析目标公司被并购的难易程度，以及并购费用是否会增大或增大到什么程度。

③目标公司的董事会决议、股东大会决议及纪要

在并购时，依照公司法的规定，要有相应的董事会和股东大会决议，这个程序必不可少。律师要注意审查有关董事会与股东大会决议是否依法实行，有无达到法定的或章程中规定的同意票数，投票权是否有效等，以确保程序上无瑕疵。

（2）股东股权调查

律师需要调查目标公司是否存在隐名股东，股权代持，判断实际控制人和关联交易情况；股权转让是否违反法定或约定的股权转让限制；股东向公司借款和抽逃出资问题；关于股东出资，股权转让，增资，减资的股东会董事会决议是否存在未尽事项和争议。

（3）勘查许可证或采矿许可证的相关情况

①矿业权证是通过何种方式（是通过招标、拍卖、挂牌、申请在先、协议等出让方式还是转让方式）取得的，是否真实、合法、有效；如果是拍卖或挂牌取得的，成交价格是否与矿业权出让年限直接挂钩；探矿权证上载明的勘查单位是否具备所需的勘查资质。

②矿业权证是否在有效期限内。

③勘查许可证载明的勘查阶段，探矿权的延续次数及延续阶段，以及是否存在勘查区块面积在下一次申请延续时被缩减的可能。

④矿业权证项下的矿业权是否属于国家出资勘查形成的，如果是，转让人在获取矿业权时，是否按照评估备案的结果缴纳了矿业权价款。

⑤矿业权是否通过了上一年度的年度检查。

⑥矿业权是否被政府纳入整合计划、范围，矿业权证是否存在在交易完成后无法得到延续的可能。

⑦矿业权是否存在权利负担或限制的情况，矿业权是否设定了租赁权、抵押权；矿业权是否存在合作开采的情况；矿业权是否涉及诉讼或存在司法查封、冻结的情况。

⑧可能对矿业权的转让及受让人受让矿业权后产生不利影响的情况。如矿业权是否存在争议；矿业权人是否依法缴纳了探矿权使用费、采矿权使用费、资源税、矿产资源补偿费，以及矿产资源有偿使用费和矿山环境治理恢复保证金；探矿权人是否完成了法定的最低勘查投入。

⑨矿业权人是否依法办理了勘查、采矿用地的用地审批手续；矿业权人与土地所有人签署的土地使用合同是否合法、有效；矿业权人是否按照土地使用合同的约定支付了土地使用费；是否存在土地使用合同被土地所有人依法终止或解除的风险。对矿山企业生产占用草原、林地的，是否依法办理相关占用手续。是否编制并严格履行土地复垦方案、水土保持方案等。

⑩与开采特定矿种相关的其他证照和地质资料、勘查报告及资源/储量相关的情况等。

（4）公司治理和运作规范

①公司组织结构是否有健全的结构，各部门职责是否清楚，成员任免情况。

②公司章程是否存在反收购条款，是否有防御性措施，董事分级制度，关于股东权利的特别规定。

③法定代表人调查。

④董事和高管的法律义务。

（5）企业经营情况

目标企业的产业结构调整和发展方向是否符合经营模式和主营业务；资质许可情况调查；产品和服务、技术和研发，业务发展目标调查。

（6）目标公司的资产

①土地与房产的权属证书是否齐全

重点调查土地房产的用途如何、能不能转让、使用权或所有权期限多久、权利是否完整受限、有无瑕疵、有无可能影响该权利的事件，取得该权利时的对价是否已付清，有关权利的证书是否已取得，有无出租或抵押，出租或抵押的条件如何等。

②有关机械设备，需要注意的内容：

来源、转让限制、有关转让手续的办理。

（7）知识产权

在一些目标公司中，以知识产权形式存在的无形资产较其有形资产可能更有价值。对于所有知识产权的审查是保证并购方在并购之后能继续从中受益，同时还应当注意是否存在有关侵权诉讼，以准确评析可能存在影响权利的风险。

（8）重大合同

①大多数公司都有若干对其发展至关重要的关键合同，此类合同如果规定在一方公司控制权发生变化时允许终止合同，那么对于并购方应慎重考虑并购安排。类似的情形还可以发生在企业过于依赖某位个人的专业技术知识或经验的时候。

②并购方还应当确定目标公司在近期作出的合同承诺，有没有与并购方自己的业务计划不相一致的。

③还要特别注意贷款、抵押合同、担保合同、代理合同、特许权使用合同等，看是否有在目标公司控制权发生变化时，就需提前履行支付义务，或终止使用权或其他相关权利等的规定。

（9）目标公司的债权债务情况

目标公司的债务分为已知的债务与潜在的债务。潜在的债务主要包括或有负债，税收与环保责任都属于或有负债中的内容。

①对税收调查而言，应注重调查已纳税情况、有无欠缴款、有关目标公司方面的税收国家是否有调整性、是否有优惠性规定等，以避免并购方因承担补税和罚款而增大并购成本。

②目标公司的负债无疑会增大并购方的责任，而或有负债与当时已有争议，在不久的将来肯定会提起诉讼的情况下更会为并购方的责任带来不确定性。这些责任虽然不能躲避，但可以在调查后作为砝码从应付卖方的款项中作相应扣除或由卖方提供相应的担保以减轻并购方的风险。

（10）重大诉讼或仲裁

目标公司是否有诉讼或仲裁程序，包括实际进行的、即将开始的或者有可能产生的程序。在涉及巨额索赔要求，诸如环境污染、产品责任或雇主责任等方面索赔的情况下，并购是否还应继续进行，就需要认真斟酌。

（11）环保情况

对环保的调查，包括目标公司的经营产品、经营场地与环保的关系，目标公司有无违反环保规定；对废气和废水的排放、废物的处置是否合法、有毒危险物质对场地和地下水的污染状况有无受到整改制裁通知。此外，矿山地质环境保护与治理恢复方案是否获得批准、关于环保的投资是否到位等。

（12）必要的批准文件

凡涉及国有股权、集体股权转让的并购，都需要事先审查一下目标公司有无批准转让的批文，以及该批文的真实合法有效性。此外，尽职调查的范围还应包括目标公司有无实际控制人、隐名股东、挂名股东；公司所在地政府的招商引资政策、投资环境、地理环境、治安状况、村民风俗习惯等。

## 6.1.5　财务尽职调查

财务尽职调查是投资及整合方案设计、交易谈判、投资决策不可缺的前提。财务尽职调查主要是指由财务专业人员根据并购目标和范围，针对被并购企业与投资有关财务状况的实施、实地和书面调查、文件审阅、口头询问、比较分析等调查手段，揭示和报告目标企业的一般投资价值和财务风险的工作过程。基于财务尽职调查，有助于潜在投资者判断投资是否符合战略目标及投资原则，合理评估、分析企业盈利能力、现金流，预测企业未来发展的前景。了解资产负债、内部控制、经营管理的真实性、合法性和合理性，为确定收购价格和收购条件提供依据。

为对目标企业的财务结果作出全面、合理和科学的解释，财务尽职调查主要包括公司基本情况、公司规范运作及内控情况、同业竞争及关联交易调查、财务会计相关指标分析。

（1）公司基本情况

公司基本情况主要包括公司概况、公司的历史沿革、公司组织结构及股权结构、公司主营业务、公司控股股东及法定代表人情况、商标专利房产土地及环评情况、用工及劳动保障情况、资产的独立完整性情况等。此外，还要对企业关联方进行调查，详细了解企业本部和有控制权的公司。

（2）公司规范运作及内控情况

主要调查公司各项内部控制制度是否健全、设计是否合理、执行是否有效。内控制度主要包括采购、资产、生产、销售、会计、人事、信息、财务、综合等方面。对内部控制的调查和测试包括企业层面和业务层面。企业层面包括内部控制环境调查、管理层和治理层凌驾于内部控制之上的风险调查、企业风险评估过程调查、内部信息传递及财务报告流程调查、内部控制监督调查、共享服务中心调查、经营成果监控调查等内容。业务层面包括对销售与收款流程、采购与付款流程、生产与仓储流程、工资与人事流程、固定资产与无形资产流程、工程建设流程、研究开发流程、投资与筹资流程、业务外包流程、对外担保流程等项目的调查，是针对内部控制环境各具体业务环节进行的较为详细的调查。

（3）同业竞争及关联交易调查

主要核实同业竞争状况及关联交易方面的具体情况。大股东有无占用公司资金状况。关联方及关联交易调查的目的，一方面是为了防止企业通过关联方虚构交易，虚增企业利润；另一方面是为了防止企业的关联交易有失公允，损害企业的利益。关联交易为企业人操控业务交易提供了便利，使管理层舞弊蓄意调节利润成为可能。因此企业需要对关联方及关联交易进行详细披露。

关联方调查的首要任务是弄清企业的全部关联方，股权结构复杂的企业可能涉及很多关联企业，务必要调查清楚谁是实际控制人和最终控制人，最终控制人有哪些控股企业或参股企业，这些企业与被调查企业是否有上下游业务关系或竞争关系。另外，还要留意是否存在隐形的关联方，有不少企业或个人通过股权代持的方式实际控制其他企业，名义上看不出是关联方，实际上这些企业都受同一方控制，这些企业也是财务尽职调查的内容。对于关联交易的调查通常从制度入手，首先检查企业是否制定了关联交易决策制度、关联交易定价机制、关联方资金拆借制度、关联方担保制度等，检查企业发生的关联交易是否按照制度规定执行。其次调查企业关联交易的必要性，分析企业的关联交易是否不可替代，调查分析企业存在虚构关联交易的可能性。最后统计关联交易的金额，分析关联交易定价是否合理，是否存在关联企业间转移利润或损害企业利益的行为。

（4）财务会计相关指标分析

财务尽调需要搜集同行业公众公司的财务相关指标，根据尽调客户的财务数据指标计算分析，判断企业各项指标与同行业公司相比的情况，分析目前存在的企业需要解决的重要财务问题及会计核算问题，提出修改和更正的意见。同时根据企业所处的外在和内在经济环境，对未来企业各项指标进行财务预测。财务预测基于企业的产能状况、发展规划和市场营销情况，需要结合企业的实际情况进行，财务预测应尽量做到预测数据合理，预测过程条理清晰，具有严密的逻辑性。

（5）财务报表调查

财务报表的主要会计科目与产品生产和销售之间存在一定的逻辑关联。尽调人员可以结合产能利用状况,调查企业主要产品的产量与存货结存数量以及与已销售产品的数量是否匹配;结合产品销售单价,调查测算主营业务收入是否存在虚报;结合主要材料采购单价及产品结转情况,调查测算结转的主营业务成本是否准确;结合客户暗访等手段,调查企业是否存在虚构销售业务、虚报应收账款情况;结合采购询价等手段,调查企业主要原材料采购价格是否真实,是否存在低估材料成本、少报应付账款等情况。财务报表其他科目的调查相对容易,如对于销售费用和管理费用,通过关注金额较大、异常的项目;对于银行利息,通常根据借款利率进行测算;对于研发费用,通过获取项目研发立项、成果资料进行检查。另外,尽调人员通过获取企业全部调查年度的银行对账单,必要时详细核查企业经营活动的收付款记录,从现金流角度印证企业的生产经营活动。

(6)或有负债调查

或有负债调查应尽量全面,避免遗漏。在对或有负债进行财务尽职调查时,尽调人员通常在常规调查的基础上,根据产品的特性考虑特殊关注事项。首先,要求企业提供或有事项清单,并承诺已提供全部或有事项,无遗漏。其次,逐项核查企业的或有事项,判断企业是否进行了充分披露,如要求企业提供信用报告,核查企业抵押及对外担保情况;访谈企业内、外部律师,调查企业是否存在未决诉讼事项;抽查企业注册信息及市场经营合法合规信息,检查是否存在被行政主管部门处罚的事项;抽查企业的纳税申报信息,调查企业是否存在偷逃缴纳税款的情况等。再次,详细查阅相关产品销售合同,调查是否存在产品质量保证,是否存在承担连带责任的条款,以及评估这些责任发生的可能性。最后,对于工程承包企业,需关注是否存在亏损合同待执行事项,关注企业异常的资金拆借事项,调查企业是否存在隐形借贷事项等。

(7)核心资产和资源调查

企业的核心资产和资源是企业在日益激烈的市场竞争中赖以生存的关键,是企业形成核心竞争力的关键。企业的核心资产是包括核心人才、核心能力、核心技术、核心产品、核心企业在内的核心群。其中高素质的核心人才是企业核心资产的核心。企业的核心资源包括技术资源、科研资源、人才资源、劳动力资源、原材料资源、能源资源以及地理资源等。成功的企业往往拥有独特的核心资产和核心资源,这些企业之所以能够长期维持竞争优势往往是因为依赖这些核心资产和核心资源有机结合形成的核心竞争力。对核心资产和资源的调查也是发现企业内在价值的主要途径,是企业并购活动能否取得超额收益的主要考量因素。在财务尽职调查过程中尽调人员重点关注的是产品和管理两个方面,侧重于调查这些核心资产和资源的财务转化能力。

## 6.2 资源风险规避

近年来,我国企业积极参与全球资源配置,已经取得明显成效,但是,我国参与环境外矿业并购的主体主要是非矿企业,不仅缺乏业务背景,而且并购中的软环境约束也日益突出,使得资源项目的并购风险不断凸显。

资源项目并购中可能遇到的风险有:①东道国政治、法律风险。中国企业在跨国并购中,首先面临的环境风险就是东道国的政治风险以及法律风险。政治风险主要是指东道国的政局稳定性、政策连续性等发生变化,从而造成投资环境的变化而产生的风险;法律风险主要指由于不同国家间法律之间的不同而产生的风险。②资源风险。对于海外收购矿产资源类项目,项目的总资源量数据主要来自目标公司或东道国地质勘探部门,储量数据虽然有一定的计算标准,但项目资源量数据的计算及编制可能存在人为的、技术上或其他不可控因素的影响,从而导致与实际总资源量不一致而产生风险。③资金风险。由于海外资源并购需要的资金量大、周期长,并且涉及多种外币之间的交易,利率和外汇波动会给项目收购和未来运营带来巨大的资金风险。④市场风险。海外资源投资并购的市场风险主要表现在矿产资源价格的波动。市场价格的大幅波动会给海外并购公司经营带来风险。进行海外投资并购,除在战略上符合公司的发展外,还要充分考虑到资源市场价格波动的风险。⑤本地化风险。本地化是中国企业长期以来的短板。在并购失利后,很多企业习惯于寻找外部原因,却忽视了本地化风险。从海外资源并购的角度看,本地化风险主要包括土著风险、工会风险、社区关系风险等。⑥国际化风险。中国企业国际化的历程很短,目前中国企业缺乏国际化的人才管理机制,缺少国际化管理人才,无法吸引和保留海外市场人才成为国际化经营的瓶颈。⑦整合风险。跨境并购最难的不是交易成功,而是并购能否实现整合,创造价值。管理文化差异、整合跨国业务以及建立清晰的组织结构和职责划分对于跨境并购的成功至关重要。

矿业资源领域的跨国并购是一项极为复杂的系统工程。中国矿业企业在"走出去"的道路上绕了很多弯路,也交了很多学费,但如何真正做到"买得来、管得了、干得好、拿得进、退得出、卖得高", 仅仅意识到风险还不够, 还要知道如何借鉴成功的做法来应对风险, 善用"他山之石"。

矿产资源并购项目资源风险规避主要包括地质资源风险规避、采选风险规避、环境风险规避、经济性风险规避、法务尽职调查风险规避、财务尽职调查风险规避。

## 6.2.1 地质资源风险规避

(1)原始地质资料风险规避措施

资料是核查的基础, 也是核查的首要部分, 资料的风险体现在资料的真实性上, 为避免因资料失真造成的资源核查判断失误, 必须对资料进行辨别, 确保收集到的资料真实准确。应采取以下措施:

①确保资料来源的多样性, 以便于核实。矿产资源类项目的主要信息获取来源除业主外还需向其他部门或者机构核实:

②项目基础资料要求业主提供, 收集的资料必须为有相关资质从业人员、单位的签字或盖章的资料。

③对纸质版资料进行复印或扫描, 以方便核查。

④进行岩芯库盘查, 查看岩芯保存情况。

⑤依据项目原始钻孔数目, 按一定比例进行现场抽检。

⑥抽查原始钻孔的地质编录资料和化验分析单并与现场保存的岩芯进行比对。

⑦抽取一定数目的原始化验样品, 进行二次化验比对。

(2)矿权风险规避措施

在全面收集资料验证的基础上, 在资源核查过程中具体的规避措施如下:

①对项目的矿区范围、矿权延续情况及对方提供的情况进行确认。

②对项目矿权所处地理位置, 矿权证的法律依据, 矿权面积等进行调查。

③矿权的核查以矿权证注明的坐标为准, 核实矿权证注明的坐标所属的坐标体系。

④将矿权平面坐标展绘到地形图上, 与对方提供的矿权范围及勘察工程位置进行对比, 确认两者是否一致。

⑤矿权的实地核查。测量矿权拐点坐标, 对拐点埋设标志桩拍照保存。

(3)资源/储量风险规避措施

对于资源/储量风险主要从原勘查工程核查、化验分析核查、工程验证、测量核查、地质模型核查这五方面采取核查措施规避项目风险。

①原勘查工程核查。对项目原勘查工程进行现场核查。抽取一定数量(5%~10%)的原始勘探工程进行核查,对孔口、标志桩或钻探施工痕迹进行拍照,记录勘探工程位置,确认勘探工程是否真实存在。对于原钻孔位因雨水冲刷或者工程施工等原因,找不到原始孔位的,需要寻找原钻探平台或标志桩位置,判断有无明显的钻探施工痕迹。对原勘查工程抽取的工程核查孔位进行坐标核查,测量人员使用全站仪等专业设备复测原孔坐标,并将所有复测坐标与业主提供的数据库坐标进行比较分析,判断坐标是否一致。

②化验分析核查:查看历史化验单位资质情况,并对化验数据进行录入核查;对样品保存情况及项目的样品库进行检查,统计样品数目,查看项目样品保存是否真实存在,摆放整齐,保存完好;抽取一定数目的岩芯样进行重新化验,与原结果进行对比;原始地质编录资料检查。抽查项目一定数量钻孔的地质编录资料进行现场钻孔岩芯的原始地质编录检查;根据样品总数,抽取一定比例的原始样品副样进行二次化验分析验证,结果比对根据《地质矿产实验室测试质量管理规范》(DZ0130—2006)内外检标准评价抽检合格率。

③工程验证:进行钻孔验证设计,在勘探区域内原钻孔附近1~2 m位置布设验证钻孔,通过样品采集、样品制备、样品分析与原勘探工程数据进行对比,确认原勘探工程真实性。

④测量核查

收集项目矿权证文件,对矿权范围进行测量。测量人员使用专业测量工具对矿权拐点坐标进行测量,并展绘到矿权图上,判断与提供的矿权证划定的矿权位置是否一致。对钻探工作孔位进行核查,与提供的数据库中的原钻孔位置进行核对。将实测坐标展绘到地形图上,核查钻孔是否位于矿权证划定的范围内。

⑤地质模型核查

资源储量的误差大小直接影响企业的投资,因此需要进行地质模型核查,验证项目资源量。核查内容主要是收集项目建模报告或资源量估算报告、最终钻孔数据库、建模岩层模型、块模型等资料;重新建立项目地质模型并估算资源量与对方结果进行对比。

表6-3对资源尽职调查风险规避措施中的资料风险、矿权核查风险、资源量/储量风险进行了简要描述。

表 6-3　资源尽职调查风险点与控制措施表

| 内容 | 节点 | 风险点 | 风险类别 | 控制措施 |
|---|---|---|---|---|
| 地质资料风险 | 原始纸质资料 | 资料的多样性 | 不一致 | 通过多种渠道获取资料 |
| | | 资料提供的真实性 | 有误 | 资料收集必须为相关人员、单位的签字或盖章确认的资料；无论电子还是纸质资料必须备份 |
| | | 有无实物资料 | 造假、遗失 | 检测实物资料保存情况 |
| | 实物资料 | 实物资料真实性 | 造假 | 按一定比例抽查钻孔岩芯、地质编录和化验分析结果 |
| 矿权核查风险 | 矿权文件核查 | 矿权文件有效性 | 造假 | 现场确认、拍照，网上查询 |
| | 矿权范围核查 | 与矿证不符 | 有误 | 实测矿权拐点坐标，与矿证对比 |
| 资源量/储量风险(原勘探工程) | 原勘探工程核查 | 原钻探工程是否真实存在 | 造假 | 现场查证确认 |
| | | 原钻孔深度是否真实 | 造假 | 验证钻孔化验数据与原孔对应深度的样品化验数据对比 |
| | 孔口坐标核查 | 原钻探工程孔位坐标是否真实 | 造假、失真 | 测量抽查 |
| | | 查证结果是否可靠 | 造假 | 两人查证、一人检查并拍照、一人记录 |

## 6.2.2　采选风险规避

（1）采矿

采矿风险分为矿山建设条件风险和采矿工艺风险两方面。在进行采矿专业核查的过程中，主要针对以上两方面的风险采取相应的规避措施。

对于矿山建设条件，主要收集项目矿山供水、供电、道路交通、辅材供应、基础设施等资料，开展资料研究，并结合现场调查、拍照等方式进行控制。

采矿工艺风险主要采用收集项目预可研、可研、初步设计等技术资料并与同等类型、同等规模的矿山进行对比研究，判断项目采矿损失率、贫化率、回采率、剥采比等技术经济指标选取是否恰当，以及矿山开采难易度、采矿工艺技术的成熟度等。

（2）选矿

选矿风险主要为选矿基础条件风险和选矿工艺风险。选矿基础条件风险包括项目选厂、尾矿库选址、供水供电、备品备件保障、尾矿排放、废矿处理等方面存在的风险。选矿工艺风险主要包括选矿试验的可行性、选矿工艺指标选择等内容。

选厂、尾矿库选址风险规避主要是考虑项目工业场地总体布置位置、运输距离等因素，应合理利用周围地形、避开地质不利因素，通盘考虑选厂和尾矿库位置。收集项目工业场地布置图，地形地质图等资料，现场实地考察选厂、尾矿库位置，判断有利有弊因素，选择最佳方案。

供水供电、备品备件保障风险规避主要是对于选矿所需基础条件方面的供水供电、备品备件保障等内容进行资料收集，开展资料研究，并结合现场调查、拍照等方式进行控制。

尾矿排放、废矿处理风险规避措施是现场调查设计尾矿库位置是否存在安全问题，废矿处理是否符合环保要求。收集项目当地环保方面的资料，并与尾矿库排污、废矿处理等相关数据进行对比，确保满足当地环保的要求。

选矿试验可行性风险规避主要是对选矿样品进行分析，查明矿山各类各品级矿石是否都有选取，确保样品有代表性；收集选矿试验报告等相关资料，并与相似选矿厂进行工艺及指标对比，分析选矿试验的合理性及完整性；对选矿试验的深度进行分析，研究是否达到半工业化试验的要求。

选矿工艺指标风险规避措施主要是与国内外相近的项目选矿工艺进行对比分析，查找原因，明确选矿指标的合理范围。

采选风险规避措施详见表 6-4。

表 6-4　采矿风险点与控制措施表

| 内容 | 节点 | 风险点 | 风险类别 | 控制措施 |
|---|---|---|---|---|
| 采矿设计条件 | 矿山供水 | 水源地是否存在 | 不存在 | 现场调查、拍照 |
| | | 水源地水量是否满足生产和生活需要 | 不满足 | 收集项目抽水试验资料 |
| | | 水源地水质是否合格 | 不合格 | 搜集水质化验单 |
| | 矿山供电 | 发电设备是否具备 | 不具备 | 现场调查、拍照 |
| | | 供电是否满足生产和生活需要 | 不满足 | 收集相关文件、报告现场调查、拍照 |
| | 交通 | 进入矿区道路是否满足设备运输要求 | 不满足 | 现场调查道路、拍照 |
| | | 矿区道路是否满足矿山开采要求 | 不满足 | 现场查看、拍照 |
| | 辅材供应 | 辅材供应是否有保障 | 无保障 | 现场调查、拍照、走访物资供应市场 |
| | 基础设施 | 基础设施是否存在、是否完好、是否具备条件 | 不具备 | 现场调查、拍照 |
| 采矿工艺 | 采矿技术 | 是否具备开采条件 | 不具备 | 采矿方案设计及方案对比等相关的资料收集。研究项目开采难易度、采矿损失率、贫化率、回采率风险，采矿工艺技术的成熟度方面内容。 |

## 6.2.3　环境风险规避

建设条件风险主要包括项目基础建设条件(交通运输、供水、供电)风险、环境风险、社区环境风险、总图、权证等内容。规避措施主要是通过业主或者相关政府部门收集项目建设条件相关资料、图件，开展实地现场调研、拍照等方式进行控制。

建设条件风险规避措施详见表 6-5。

表6-5　建设条件风险点与控制措施表

| 内容 | 节点 | 风险点 | 风险类别 | 控制措施 |
|---|---|---|---|---|
| 建设条件 | 交通 | 项目公路、铁路等级是否能满足矿山开采物资运输要求 | 不满足 | 现场查看、拍照 |
| | 供水 | 项目供水水源是否可靠；供水量是否充足；是否存在水源污染风险等 | 不满足 | 收集项目抽水试验资料、现场调研 |
| | 供电 | 项目供电电源是否可靠；供电负荷是否充足；是否存在供电管理风险和供电安全风险 | 不满足 | 现场勘查，并对相关电力、电信部分进行核实，同时向业主咨询了解相关情况 |
| | 环境 | 项目地是否涉及自然保护区、文物保护区、生物多样性保护区等；是否存在对地表、地下水的化学污染的地方要求；项目地自然灾害风险 | 保护区/环保要求 | 到相关部门咨询、收集相关文件、法律法规等 |
| | 社区环境 | 项目地（包含水源地）土地权属、功能，土地占有制或土地征用问题，是否存在征地、拆迁、移民安置等情况，以及相关的拆迁、征地费用、补偿费用是否风险巨大 | 土地征用/拆迁移民 | 现场调查，对相关部分进行核实，并向当地政府、社区、合作方等利益相关方咨询了解相关情况 |

## 6.2.4　经济性风险规避

技术经济风险包括主要材料价格风险、劳动力风险、施工机械风险、生产用原料风险、水、电、汽价格、税率风险、环保、交通运输风险等。规避措施主要是通过业主或相关政府部门收集项目技术经济相关资料、价格，以开展现场实地调研、政府部门咨询、拍照等方式进行控制。

技术经济风险点的规避措施详见表6-6。

表 6-6　技术经济风险点与控制措施表

| 内容 | 节点 | 风险点 | 风险类别 | 控制措施 |
|---|---|---|---|---|
| 技术经济 | 主要材料价格 | 因项目建设周期较长,一些主要材料价格发生较大波动引起工程造价波动 | 材料价格变化 | 调查当地材料价格,调查材料供应地至项目所在地的运费及损耗;签订长期供货合同,规避价格波动 |
| | 劳动力 | 项目建设地通常比较偏远,不易招聘劳动力及劳动力工种不全,造成劳动力价格偏高 | 劳动力成本高 | 调查当地实际劳动力价格 |
| | 施工机械 | 项目建设地通常比较偏远,大型施工机械到达施工场地速度较慢,维修成本偏高,机械效率偏低 | 施工机械成本高 | 调研当地施工机械作业台班费用 |
| | 生产用原料风险 | 生产用原料供应不及时或价格偏高造成成本高 | 生产用原料成偏高。 | 调查当地市场,主要收集整理相关资料。签订长期供货合同,规避价格风险 |
| | 用水、电、气价格 | 水电气价格是否合理、稳定 | 用水、电、气价格成本 | 在当地相关部门查询项目用水电气价格、有无优惠 |
| | 税率 | 到税务及政府机构落实投资税率及有无优惠政策 | 税率高 | 在税务及政府机构查阅相关规定,并在项目所在地调研类似项目税赋情况 |
| | 环保 | 项目所产生的废水废气及废渣排放政策及价格 | 排污费用 | 在环保及物价部门查询排放价格有无优惠 |
| | 交通运输 | 项目公路铁路是否能满足主要材料原料运输 | 不满足 | 实地调查、到交通运输管理部门了解查阅相关资料 |

## 6.2.5　法务尽职调查风险规避

### (1)法律意识淡薄

资源项目并购往往涉及多个国家,因此相关的法规和政策也错综复杂。不但要遵守每个相关国家的法律,还要在不同国家间法律发生冲突时学会选择和使用。在矿业法律领域,只有始终以矿业所有权、经营权和产品销售权为核心去分析和思考问题,才能在错综复杂的法律规定中理出头绪。在国际并购过程中,要始终保持国际化的法律意识，同各国的法律服务机构保持紧密联系，避免出现因不懂法律和政策而带来的损失。尤其要注意不同国家间法律体制的区别，如美国、加拿大和澳大利亚都是二级立法体制，省和州的权力在某些方面比中央还大。用国际化的思维去审视矿业并购，进而用对方欢迎和接受的方式去进行交往、谈判以及并购后的整合，才能使企业的海外并购行动避免因思维的差异造成的阻碍。

（2）存在求权胜于求法思维

资源项目并购过程求权胜于求法的思维广泛存在。因此，在资源项目并购过程中要求助、咨询有矿业经验的专业律师。综合考虑并平衡规模、专业、责任心、重视程度、语言、收费、协调能力等因素，聘请专业的法务尽调团队完成尽职调查工作。

（3）忽视刚性环保法律

环保与社区问题是矿产资源并购中较容易忽视的问题，而在法制健全和市场经济发达的国家恰恰是不能突破的底线。如果在走出国门之前没有意识到环保和社区问题在矿业并购中的重要性，那么将会为此付出沉重的代价。环保与社区问题掺杂了文化传统与民族感情的因素，已经远远超出法律范畴，解决起来非常困难。

（4）对域外矿权与相关资源法律缺乏认识

法律尽职调查中存在对域外矿权与相关资源法律的认识与国内混同、认识不清的情况。不能辨别所在国矿业相关法律是单独成文（设立）还是散见于诸多法律、法规（部门），因此要咨询有矿业经验的专业律师阅读、分析相关法律条文。矿业权、资源品位、采选等成本因素，以及基础设施、市场拉动因素不仅是资源环节必须要考虑到的问题，也是法务尽职调查需要关注的问题。

（5）对所在国劳工政策不敏感

法律尽职调查中需要关注所在国劳工政策。40%～50%的矿业成本都与劳工有关，劳工对成本和生产力至关重要。劳工冲突弊大于利，矿业公司必须清楚衡量并呈现其社会开支所产生的全部影响，从支付工资、提供培训，到修建学校、促进劳工流动，以及采购支出环节创造就业机会。矿业公司有责任与工会以及政府展开对话，尽力寻求更有成效的双赢方案。

（6）对域外外汇与税收相关规定认识模糊

一些国家存在税收不明，出口与外汇、终端销售市场不完全一致的情况。一些企业对所在国贸易政策及习惯研究不够,对外汇是管制还是自由,汇兑趋势是增值还是贬值认识不清。目前,各国征收的矿业税费主要有所得税、财产税、权利金、矿业权(指探矿权和采矿权)使用费、环境补贴、资源暴利税等。在进行矿产资源并购时,必须对税收问题进行澄清和谈判,聘请专业及实务机构或咨询顾问,关注所涉及国家的外汇政策,根据外汇管制政策和外汇价值变化确定结算主体、地点、货种。

### 6.2.6 财务尽职调查风险规避

(1)判断项目是否存在致命缺陷,防范缺陷带来的投资失败风险

财务专业人员在进行尽职调查过程中首先要识别目标企业在并购过程中是否存在致命缺陷。致命缺陷是指目标企业或它的产品系列所面对的、如果不解决或不恰当地修正就会对企业造成相当程度损害的、突出的经营问题或市场条件。致命缺陷主要分内部和外部两类,内部的致命缺陷主要有管理、技术、市场等核心人员的流失或即将流失,重要客户的流失或即将流失,即将来临的财务危机(包括无法收回的大额应收账款、无法转嫁给客户的成本增加、高昂的环境治理成本、昂贵的设备更新成本、质量责任、诉讼等等)。而外部的致命缺陷主要有未来需求的变化、竞争加剧、技术革新、消费者/客户购买习惯的变化、政府管制、税收政策变化等。

(2)关注财务数据逻辑合理性,防范财务数据造假

防范财务数据造假,要特别关注以下三个层面的财务信息质量和管理层舞弊的风险控制及防范:

①公司总体层面财务数据是否真实可靠

从审计人员的角度审核目标企业财务的真实性。收集目标企业的科目余额表、序时账和明细账、纳税申报表、纳税征信情况以及近几年的审计报告等,甚至可以看看目标企业启用的审计师资质。通过上述这些内容核查目标企业的财务数据是否真实可靠。

评价公司的总体财务质量时,从公司所在行业和业务的角度出发去判断项目存在的风险,对比行业其他公司的财务数据十分重要。在实际项目中,"行业标杆"研究一般可以通过研究同类型上市公司的情况来具体判断和分析。通过计算企业的毛利率、净利率、存货周转率、净资产收益率等指标,并和全行业、行业内的标杆龙头对比。通过行业内的纵向比较,一方面能清楚判断企业在行业内的地

位；另一方面对企业某些不合理的指标也能容易发现。评价公司的总体财务质量时，从管理层舞弊、公司股权结构和法人治理角度来判断企业存在的风险。有专业机构调研发现，那些导致财务报表重大错报漏报的欺诈舞弊活动超过 90% 的情况是由高级管理层进行或授意的。而如果该企业具有完善的公司股权结构和治理结构，企业舞弊和财务造假则比较困难。因此，在判断一个企业是否存在数据造假的情况时，更多的是要深入企业实际生产经营场地、获取第一手的采购、销售、成本、资金往来等资料，并在此基础上结合对方提供的财务基础数据、财务报告等进行综合分析判断。

②财务报表层次、财务数据是否真实可靠

从财务尽职调查的角度看，财务报表层次的风险可以通过三个方面来判断。

a. 历年财务数据之间的关系。企业的财务指标具有前后一致性和逻辑性，即使是处于快速增长阶段，也应该符合一般商业逻辑。

b. 三大报表之间、报表附注之间的勾稽关系。很多企业在进行报表修饰或造假时，往往会出现勾稽关系不对、业务不合理的情况。

c. 特别关注现金流量表。企业的总体现金流量是整个财务尽职调查中至关重要的方面。企业在生产经营、投资、筹资过程中产生的现金流量的大小，反映了其自身通过各种渠道获得现金的能力。现金流量是判断企业财务状况和运营能力好坏的重要指标，也是企业价值判断的重要依据。现有的报表体系中，大家往往重点关注资产负债表和利润表，而对现金流量表关注不够，但实际上，现金流量表更能真实反映企业的实际经营状况的质量好坏。

③会计科目和会计处理是否真实可靠。

会计科目和会计处理是所有财务错报和造假的"落脚点"。在财务尽职调查时，一般会从这几方面重点考查：a. 会计准则的理解和使用：会计准则的使用在很多会计处理上理解不到位就会造成错误；b. 关联方和关联交易：公司是否存在和股东控制的其他公司的关联交易，关联交易价格是否公允，关联交易的金额是否重大，关联方对后续的上市是否会产生重大影响，这些都是在尽职调查过程中应该重点考虑的问题；c. 从业务风险角度去考察会计科目的风险；d. 理解公司的成长阶段，公司的发展阶段不一样，对财务报表的影响也会不一样，一个在行业里处于垄断地位的高成长公司，它虚增营业收入的动机就不会很大，相反为了避税而虚增费用的可能性就要大得多；e. 理解会计处理的商业实质，很多关联方交易是没有商业实质的，而是公司为了某种目的而进行的"数字交易"。

## 6.3 本章小结

　　企业并购存在严重的信息不对称现象，开展尽职调查是降低信息不对称风险的主要手段，是企业并购运作过程中重要的风险防范工具。很多企业在并购后并没有增加收益、提高企业价值，究其原因，很大程度上在于并购前期没有进行充分的尽职调查，对尽职调查不够重视、调查内容盲目或流于形式。本章首先阐述尽职调查的定义和重要性，然后对其目标和内容进行了全面的描述和分析，总结了收购过程中可能遇到的风险，以便于更好地进行尽职调查工作。

# 第 7 章 矿产资源并购保障体系

矿产资源并购项目评价活动涉及技术、管理、财务等多个部门，在实施过程中需要地质、采矿、冶金、经济等多个专业的相互配合，各部门、各专业间需要在明确的评价目标指导下实施评价，同时为了保证各部门职责明确、专业衔接流畅、评价开展规范，需要建立标准化管理体系。这一体系的建立不仅可以对项目的实施提供保障，同时对于矿产资源并购活动的逐步规范化管理与实施具有重大意义。

矿产资源项目的标准化管理体系是在国家相关政策的指导下，建立适合于本企业的矿产资源管理制度，同时依托标准化的管理体系开展有效的矿产资源项目管理。矿产资源并购保障体系主要包括矿产资源并购项目制度体系、矿产资源并购项目管理体系、矿产资源并购项目标准化体系三个方面。矿产资源并购项目制度体系是纲领，矿产资源并购项目管理体系是保障，矿产资源并购项目标准化体系建设贯穿于整个项目阶段，与制度体系、项目管理体系相互渗透融合，共同指导矿产资源并购项目的实施。三者之间的关系如图 7-1 所示。

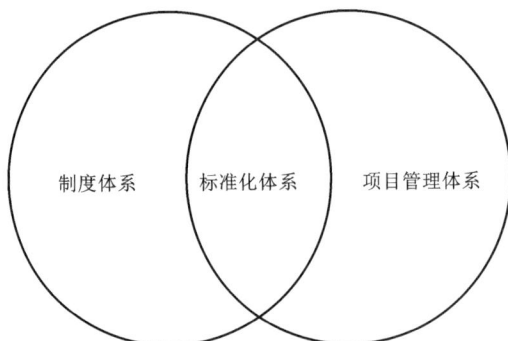

图 7-1　矿产资源项目制度体系、项目管理体系、标准化体系关系

# 7.1　矿产资源并购保障体系建立原则

矿产资源并购保障体系应贯彻落实科学发展观、认真遵守相关法律法规、服从国家制定的发展路线，在行业规范、技术标准的指导下，优化管理组织、管理方法、运用标准化的管理手段，把项目管理的成功经验和做法通过在相同或相近的管理模块内进行管理复制，实现项目管理从粗放型到制度化、标准化、流程化方式的转变。

矿产资源并购保障体系的建立应遵循如下原则：

（1）目的性原则

矿产资源并购保障体系的目的是将复杂的问题流程化、简单化，将模糊的问题具体化、明确化，将分散的问题集成化，实现矿产资源并购活动的规范化管理，将项目各阶段的评价及管理工作有机地衔接在一起，提高项目评价和管理的整体水平。

（2）规范性原则

规范性原则要求项目参与单位遵循程序、行为和结果的规范化，在体系构建时应减少个人、个体的自由决策管理空间，明确各阶段相应的规范准则和判别标准，对部门、流程、人员增加明确的强制规定，规定哪些可做哪些不可做。在进行规范化的同时要考虑各强制性规范条例的合理性。合理的规范化条例可提高项目参与者的积极性，增加项目管理团队的凝聚力，不仅可以减少项目风险，还能降低项目管理成本。

（3）系统化原则

系统化原则要求矿产资源并购保障体系是一套相互关联、相互调节、相互约束和互为补充的管理标准，并按照一定的内在联系结合在一起，而不是各种规章制度、操作手册、工作指引等的简单堆叠，应构建一个更为简洁的、易于理解的、统一的、适用的、具有最佳状态的保障体系。

（4）高效性原则

矿产资源保障体系的建立是以提高并购活动管理效率为出发点，切实围绕活动发生的各个环节开展，高效的项目管理才能更有效地占领先机，高效性原则是矿产资源并购活动标准体系的具体表现，利用标准对活动进行强制性约束和规范性指引来取得项目的高效益。

（5）可操作性原则

矿产资源并购活动中的标准体系要注重项目的实践，遵循可操作性、可学习性，便于应用和推广。

（6）灵活性原则

矿产资源项目实施过程受外部环境变化影响较大，在实施过程中应充分考虑活动开展的适应性，适当预留一定的可控的自由空间，从而在一定时期内达到相对稳定。

## 7.2　建立矿产资源并购保障体系的意义

矿产资源并购项目的实施需要多部门、多学科的配合，建立项目保障体系才能保证项目实施的顺利开展。

建立矿产资源并购保障体系，有利于标准化项目管理流程，提升项目的评价质量，规避项目评价风险，为科学管理提供依据和基础。

建立矿产资源并购保障体系的最终目的是使企业或机构获得最大的经济效益，企业通过标准工作将生产过程通过采用高效率的工艺设备，利用新技术进行合理的归纳和简化，从而提高工作效率、减少消耗、降低成本、增加企业的经济效益。

建立矿产资源并购保障体系可使各职能部门和生产部门的活动保持高度统一和协调，使矿产资源并购项目能顺利运行。

建立矿产资源并购保障体系可促使企业对其内部可能产生的各种风险进行辨识和衡量，并采取有效措施进行防范和控制，减少因制约因素带来的各种风险。

建立矿产资源并购保障体系有利于项目技术积累，通过建立有效规范的保障体系对技术多样性进行选择并最终约束为一个统一的技术选择。有效地实现技术知识的积累和完善。

建立矿产资源并购保障体系有利于促进社会进步，是科学技术成熟的标志，能够促进生产过程与时俱进，在节约生产成本的同时提高生产效率，促进社会经济的发展和社会进步。

## 7.3 矿产资源并购保障体系的基本结构

矿产资源并购保障体系的建立要求对矿产资源并购项目生命周期内所涉及的"人、事、物"用统一协调的方法来制定通用的标准，从而实现矿产资源并购项目活动高效、安全的开展。

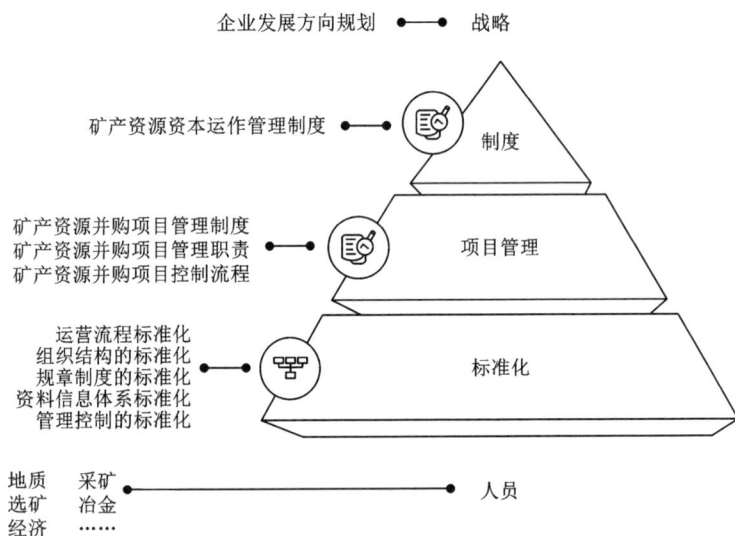

**图 7-2 矿产资源并购活动保障体系结构图**

矿产资源并购保障体系以项目为管理对象，依据企业发展方向规划矿产资源资本运作管理制度有依据、有步骤地实施。矿产资源并购保障体系主要包括战略层、制度层、项目管理层、标准化层及人员层五个层级的内容。

战略层需要明确企业发展方向及发展总体目标和阶段性目标；制度层要针对企业特点制定资本运作管理制度；矿产资源项目管理的内容包括管理制度、管理职责、项目控制流程及评定三方面的内容。标准化主要包括运营流程标准化、组织结构的标准化、规章制度的标准化、资料信息体系标准化、管理控制的标准化五部分内容。

## 7.4　矿产资源并购制度体系

### 7.4.1　矿产资源并购制度体系建立的原则

矿产资源并购活动的开展必须在相关制度体系下完成，以保证整体项目的合规性、合法性。矿产资源并购制度体系遵循以下原则：

（1）符合国家的各级法律、法规及部门的规章

矿产资源并购项目的规划、设计、实施全过程必须符合国家矿产资源、土地资源管理等法律法规的要求，同时在并购的过程中也必须符合相关技术规范的要求。这些规章的编制原则应符合《矿产资源法》《标准化法》以及国务院颁布的相关法律法规，合理划分标准体系的层次、结构，确定标准的范围和标准的性质。

（2）统筹兼顾，加强协调

矿产资源项目涉及管理、技术、地质、采选冶、信息化等诸多方面，它的编制实施是一项系统工程，要通盘考虑、统筹兼顾，协调好各方面关系。

（3）突出重点，面向应用

建立矿产资源并购制度体系是成功实现并购的基础，作为多专业多部门配合的系统工程，需要紧密结合具体工作的实际，突出反映矿产资源标准化工作的现实需求。

### 7.4.2　矿产资源并购制度体系建立的内容

管理制度是企业管理的工具，是对一定的管理机制、管理原则、管理方法以及管理机构设置的规范。它是实施一定的管理行为的依据，是社会再生产过程顺利进行的保证。合理的管理制度可以简化管理过程，提高管理效率。没有完善的管理制度，任何先进的方法和手段都不能充分发挥作用。为了保障管理系统的有

效运转，企业必须建立一整套管理制度作为管理工作的章程和准则，实现企业管理的标准化。

矿产资源管理制度建设主要依据国家政策法规及行业标准、企业发展战略要求，结合现有部门职责，充分考虑管理属性配置，将管理活动划归相应的层级，要制定完善矿产资源管理制度、各类专项管理办法，通过制度的形式将组织架构、管理职责、业务流程等进行固化。

矿业企业需要建立的制度主要包括"矿产资源管理制度"和"矿产资源资本运作管理制度"。建立制度体系的关键在于明确各部门、各阶段的操作流程，并使其标准化，从而使管理有章可循，避免盲目混乱的管理，此外，要完善相应的考核制度、奖惩机制来增强积极性。

矿产资源并购制度体系是矿业企业矿产资源管理总制度，是矿产资源管理的纲领性文件。主要从企业矿产资源管理内容、管理组织架构、管理层级等方面对企业矿产资源管理进行规定。主要内容包括矿业权管理职责，矿业权新立管理，矿业权延续、年检，矿业权变更、注销管理，矿业权的转让及运营管理，矿业权证管理，子公司矿业权管理，考核与奖惩等。

# 7.5　矿产资源并购项目管理体系

## 7.5.1　矿产资源并购项目管理体系建立的原则

纵观国内外关于管理组织原则的论述，结合我国的实际情况，矿业企业在建立项目管理体系时，必须遵循以下六大原则。

（1）目标任务原则

矿业企业组织评价的根本目的是为了实现企业的战略任务和经营目标。因此，按照目标任务原则应做到：①企业的管理组织结构及其每一部分的构成，都应当有特定的任务和目标，并应当服从实现企业整体经营目标的要求；②设置组织机构要以事为中心，因事设机构、设岗位、设职务，配备适宜的管理人员，做到人和事的高度配合；③当企业目标任务发生重大变化时，组织机构必须作相应的调整和变革。

（2）责、权、利相结合的原则

责、权、利三者之间是不可分割的，是协调、平衡和统一的。其中，权力是责任的基础；责任是权力的约束；利益的大小决定了管理者是否愿意担负责任以及接受权力的程度。

（3）分工协作原则及精干高效原则

企业任务目标的完成，离不开企业内部的专业化分工和协作，只有在合理分工的基础上加强协作和配合，才能保证各项专业管理工作的顺利展开，以达到组织的整体目标。因此，按照分工协作原则及精干高效原则应注意以下问题：①要注意分工的合理性，即分工要符合精干的原则；②要注意发挥纵向协调和横向协调的作用；③要加强管理职能之间的相互制约关系。

（4）管理幅度原则

管理幅度指一个主管能直接有效地指挥下属成员的数目。管理幅度的大小，既取决于上级主管的能力和精力，也取决于这个主管所处的管理层次。由于受个人精力、知识、经验条件的限制，一名领导人能够有效领导的直属下级人数是有一定限度的。有效管理幅度不是一个固定值，它受职务的性质、人员的素质、职能机构健全与否等条件的影响。这一原则要求在进行组织设计时，领导人的管理幅度应控制在一定水平，以保证管理工作的有效性。由于管理幅度的大小同管理层次的多少呈反比例关系，这一原则要求在确定企业的管理层次时，必须考虑到有效管理幅度的制约。因此，有效管理幅度也是决定企业管理层次的一个基本因素。

（5）稳定性和适应性相结合原则

稳定性和适应性相结合原则要求组织设计时，既要保证组织在外部环境和企业任务发生变化时，能够继续有序地正常运转；同时又要保证组织在运转过程中，能够根据变化了的情况做出相应的变更，组织应具有一定的弹性和适应性。为此，需要在组织中建立明确的指挥系统、责权关系及规章制度；同时又要求选用一些具有较好适应性的组织形式和措施，使组织在变动的环境中，具有一种内在的自动调节机制。

（6）集权与分权相结合的原则

企业组织设计时，既要有必要的权力集中，又要有必要的权力分散，两者不可偏废。集权是大生产的客观要求，它有利于保证企业的统一领导和指挥，有利于人力、物力、财力的合理分配和使用。而分权是调动下级积极性、主动性的必要组织条件。合理分权有利于基层根据实际情况迅速而正确地做出决策，也有利于上层领导摆脱日常事务，集中精力抓重大问题。因此，集权与分权是相辅相成的，是矛盾的统一。没有绝对的集权，也没有绝对的分权。企业在确定内部上下级管理权力分工时，主要应考虑的因素有企业规模的大小、企业生产技术特点、各项专业工作的性质、各单位的管理水平和人员素质的要求等。

集权是大生产的客观要求，而分权则是调动下级积极性、主动性的必要组织条件。因此，企业在进行组织设计或调整时，既要有必要的权力集中，又要有必要的权力分散，两者不可偏废。

## 7.5.2　矿产资源并购项目管理体系内容

矿产资源并购项目管理体系是为了实现业务的标准化，矿产资源并购项目管理体系主要按照业务内容划分，梳理现有工作流程，补充缺失工作流程，对照调研情况、问题分析和先进对标，优化完善现有工作流程中存在的问题。通过管理流程优化、制度(办法)建立、管理模式设计、管理职责划分、责权体系建立、岗位职责设置等，建立并购项目管理体系。

并购项目管理体系主要包括管理模式、管理组织、管理制度、管理流程、管理职责、岗位职责、权责体系和考评指标。

按照现代企业扁平化管理原则，矿产资源资本运作管理体系大致可分为三个层级，分别是决策层、部门层、技术层。

决策层：统筹矿产资源投资运营管理，其主要职能包括统筹矿产资源投资决策，包含矿产资源申购决策、矿业权转让决策等；统筹矿业权投资运营过程中风险控制决策。

部门层：按照决策层的决策，对矿产资源进行管理及运作，包括矿业权的申购、组织技术层对矿产资源的评估及监管，矿业权的转让、组织技术层对矿产资源的勘查及监管、组织技术层对矿产资源的开发运营。

技术层：按照矿产资源的运作内容，可分为专业化评估团队、勘查团队、开发运营团队。其中专业化评估团队主要职能是对矿产资源进行资产评估，并提出相关建议；勘查团队主要职能是对矿产资源进行勘查；开发运营团队主要职能是对经过评估具有开发价值的矿产资源进行开发运营。

矿产资源项目管理一般采取经理负责制，根据工作需要设立主管总经理、总经理助理等职务具体开展对外项目领导工作。

主管总经理职责主要包括：①统管集团项目工作；②领导相关职能部室、单位开展对外项目管理和推进工作；③项目论证阶段，协助各相关职能部室开展对外项目管理工作；④负责组织及管理项目有关的所有矿业信息的搜集、整理、研究和分析工作。

矿产资源部职责主要包括：①负责组织编制矿产资源战略规划；②在资源项目论证阶段负责项目牵头工作；③负责组织及管理对外项目推进工作。④负责组织及管理对外项目的资源和技术评价工作；⑤负责组织及管理对外项目的技术考察、技术尽职调查、技术顾问聘用工作；⑥负责组织及管理对外项目的资源核查、钻探验证工作；⑦负责对外项目地质找矿项目组的组建和考核工作；⑧负责组织及管理对外项目有关勘察资金、资源税费减免、资源补偿费等国家或地方优惠政策的争取工作；⑨监督、协管驻外机构开展矿产资源工作；⑩协助信息中心建立资源项目信息平台。

矿产资源并购项目管理的基本程序如下：

项目资料收集与研究→项目筛选评价→签署保密协议→项目数据库开放→项目评价→技术考察→考察评审→商务谈判→尽职调查→起草投资协议→签署投资协议→政府审批→项目投资→企业治理→项目成立→项目设计→工程建设→生产运营。

# 7.6　矿产资源并购项目标准化体系

矿产资源综合利用标准是矿产资源综合勘查、调查、评价、规划、管理、开发、保护与合理利用的重要科学技术基础，同时也是矿产资源法律法规必要和有益的补充。加强矿产资源综合利用标准化建设对于促进矿产资源节约与综合利用、提高矿产资源规划与管理水平、规范矿业开发秩序、保护与合理利用矿产资源、实现地质找矿新突破等都具有重要的意义。

## 7.6.1　矿产资源并购项目标准化体系建立原则

构建矿产资源并购项目标准化体系的基本思路是将项目管理与业务流程看作一个系统工程，通过综合分析各阶段及各相关要素之间的关系，掌握其内在联系，统一规划和组织制定出一套科学反映这种关系和联系的标准。在构建标准体系框架过程中应该遵循以下原则：

（1）目标导向原则

以建设条件基本具备为目标导向，更好地规范矿产资源并购项目活动，指导各阶段、各部门工作的有序开展，实现矿产资源并购项目的资源优化配置。

（2）过程控制

原则上矿产资源项目的开展需要前期的调研、评价、规划、设计等工作；具体实施中包括项目分类、项目评价、项目推进管理等过程，因此，要按照过程控制原则，针对矿产资源并购项目各个阶段要求，制定行之有效、科学合理的标准规范，确保整体工程的实施开展，达到系统整体协调优化的效果。

（3）分类指导原则

矿产资源类型丰富，开采形式多种多样，导致各矿产资源项目的并购内容、评价方法也有所不同。因此，矿产资源并购项目标准必须具有分类指导性。应该充分地考虑不同区域、不同矿种类型的具体情况，考虑到这些因素对整体项目并购的影响，以此提高标准的现实性和可操作性。

（4）整体最佳原则

整体协调对象、要素、指标之间的相互关系，调整综合标准化对象及要素的相关内容和指标参数，确定最佳方案，保证标准综合体实施的整体效益大于各标准单个实施的累加效益。

（5）超前预防原则

为了应对矿产资源项目并购过程中可能出现的新情况和新问题，在制定标准的过程中应该具有适度的前瞻性和预见性。加强前期理论研究、做好技术储备，制定技术标准体系建设计划，在条件成熟时及时推出相关的技术标准，起到科学引导和指导实践的重要作用。

## 7.6.2 矿产资源并购项目标准化体系建立的意义

标准化体系是一个由众多不同类别，不同层次的标准依据某种特定的规则集成在一起形成的具有整体性、层次性和关联性等特征的大系统，它通常由其采用的技术标准、管理标准和作业标准进行有机的结合而构成，其基本结构如图7-3所示。从图中不难看出，标准体系不仅需要外部相关文件的指导，也需要内部相关标准的相互作用。

技术标准、管理标准和作业标准相互关联、共同作用，构成了标准体系中的"三大标准"。其中技术标准是项目标准体系中的基础依据，管理标准是落实技术标准的重要保证，而作业标准则是落实技术标准和管理标准的工作载体。这"三大标准"在不同的行业、不同的管理层上所占的比重不相同。对于矿产资源并购项目评价而言，则是以技术标准为主导，管理标准为重心，作业标准为辅助的方

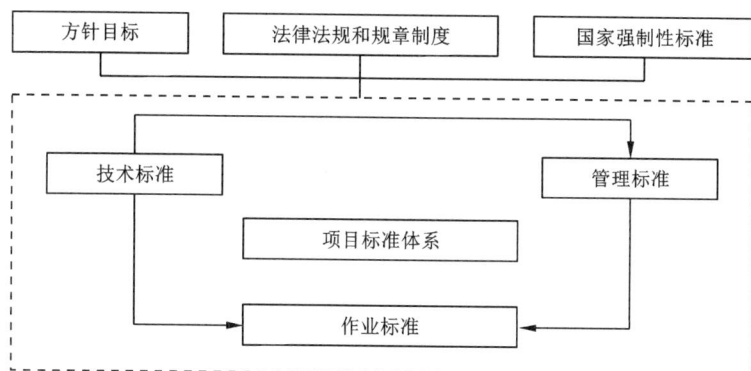

图 7-3 项目标准体系基本结构示意图

式进行项目管理。

（1）对现有的矿产资源并购项目管理制度进行梳理和总结，然后利用标准化手段对现有的并购评价项目管理制度进行修改、完善，使其成为系统的、科学的、合理的、权威的矿产资源并购评价管理标准，并以书面形式在项目中进行实践、完善，为今后的项目管理评价提供理论依据。

（2）建立矿产资源并购项目标准化体系的关键在于明确各部门、各阶段的操作流程，并使其标准化，从而使得各项目管理有章可循，避免盲目混乱的管理，此外，要完善相应的考核制度、奖惩机制来增强积极性。

（3）矿产资源并购项目评价标准化体系应加强对项目评价的全流程控制，从而提高动态管理的效果，减少项目风险。在项目评价过程中受到各种经济、政治、政策的影响，项目评价过程也存在诸多风险，因此，建立项目评价标准化体系时要充分体现出评价过程的动态管理特点，使其不断适应外界环境的变化。

（4）矿产资源并购项目标准化体系需要考虑到各个环节和工序间的相关性及它们之间的相互影响。因此，矿产资源并购项目评价标准化体系要求以科学理念为基础，以先进的规章制度来指导资源项目并购的各个环节。

矿业企业标准化管理建立在企业管理标准化的基础上，依照企业的运营流程或框架对组织体系进行建设和管理，解决企业管理的集权和分权、人治与法治；要求对企业运营的流程形成制度化、流程化、标准化、表单化以及数据化；要求企业建立以责、权、利对等为基础的管理框架，通过这种标准化的建设，使企业常规的事件纳入制度化、数据化、流程化的管理，以形成统一、规范和相对稳定的管理体系，以及提高工作质量和工作效率，达到保障企业正常运营的目的。

### 7.6.3 矿产资源并购项目标准化体系的内容

矿产资源综合利用标准主要包括基础、管理、技术方法三部分，是以实现矿产资源综合利用为直接目的的标准，重点领域涉及矿产资源综合利用管理、综合勘查评价和开发利用等矿产资源综合利用标准的制定、发布，遵守《中华人民共和国标准化法》和标准化管理部门规定的格式和程序。矿产资源综合利用标准制定的基础是矿产资源管理的法律、法规、规范性文件和相关技术标准、规范、规定以及矿产资源管理实际工作的经验总结，其政策性强、技术要求高、协调难度大。通过制定、发布和实施标准，达到统一、简化、协调和选优的目的，从而获得矿产资源综合利用的最佳秩序和最大效益。在矿产资源综合利用标准信息化建设实践的过程中，各类具体的标准不是一成不变的，要不断进行修订，以满足矿产资源管理和信息化不断发展的需要。同时，矿产资源综合利用标准也不是独立的，要与其他有关标准相协调和配套。

矿产资源并购项目标准化体系主要内容包括：

（1）运营流程标准化

一般企业对某一部门内部的管控体系都有一定的管理办法，但对于部门之间的衔接却很难有较好的管控方法，所以，越是界定部门之间的权责，问题就越多。这时就需要对企业运营的流程进行明确，使部门成为企业流程中的一个结点。流程一般包括岗位工作流程、系统业务流程、企业组织流程，在进行流程标准化的时候，必须先明确企业的战略方向和目标、识别流程及其现状，然后确定企业的各个流程，并对流程进行科学的规划和设计，使企业运营达到效率最优。

（2）组织结构的标准化

组织结构是关于企业运营过程中涉及的目标、任务、权利、操作以及相互关系的系统。具体内容包括企业各部门之间的结构、岗位设置、岗位职责以及岗位描述等。目的在于协调好企业部门与部门之间、人员与任务之间的关系，使员工明确自己在公司中应有的权、责、利，以及工作形式、考核标准，有效地保证组织活动的开展，最终保证组织目标的实现。

组织结构决定着组织行为，直接影响企业战略的执行，所以必须依据企业的实际情况，为企业设计与其匹配的组织结构，达到顺畅发挥能力的目的。组织结构标准化强调组织架构的设计，应该建立在系统思考的基础上。各单位、部门和岗位都必须从系统的角度出发，对应企业的目标来界定自己工作的内容、标准和要求，以及所能支配的资源，使之按照既定要求和标准，对所获得的资源的配置方式进行选择，行使决策权力，并承担相应决策的责任。

（3）规章制度的标准化

管理制度是标准化管理的有效工具，可以对部门、岗位和员工的运行准则进行很好的界定，它能够使整个公司的管理体系更加规范，使每个员工的行为受到合理的约束和激励，做到"有规可依、有规必依、执规有据、违规可纠、守规可奖"。其主要内容包括管理体系的标准化、行为准则界定的标准化、绩效管理标准的标准化、违规行为处罚的标准化等。

（4）资料信息体系标准化

从有利于信息化、有利于信息共享、有利于减轻基层负担出发，根据新流程、新制度的要求，按照格式模板统一、填写标准统一、资料共享及归档要求统一、检查指导要求统一、评分考核要求统一、绩效兑现要求统一的标准，完善台账、记录、报表，完善内部共享资料数据库，推进基础信息化管理，推进流程关键点的过程控制，为量化考核、追溯责任和绩效考核提供依据。

（5）管理控制的标准化

企业的规模越来越大，作为管理者对企业的管理难度也越来越大。这就需要企业有一套有效的管理控制系统，管理者可以通过这套标准化的系统，对企业的战略、营销、生产、财务、人力资源、技术开发、供应链、产品的品质等模块进行有效的管理和控制，来实现管理者的意图。使企业的每个岗位、每个活动、每份资产、每个时刻，都处于受控之中。

通过对企业这几个方面进行标准化，最终使得企业的决策程序化、考核定量化、组织系统化、权责明晰化、奖惩有据化、目标计划化、业务流程化、措施具体化、行为标准化、控制过程化。

## 7.7　本章小结

本章对矿产资源并购项目评价保障体系进行了论述，对保障体系建立的意义、建立的原则及框架进行了论述，在此基础上结合项目经验对矿产资源并购项目评价保障体系的具体内容进行了论述。

# 第8章　矿产资源并购项目案例分析

▼

　　随着矿产资源的投资开发加剧，矿产资源并购项目逐渐增多，并购项目的成功对矿业企业储备资源、提升国际竞争力具有深远的影响。但是资源型企业并购的过程是非常复杂的，在并购过程中的风险形式也是多种多样且难以控制的，特别是跨国并购，一般交易额都非常大，影响并购的因素较多，风险也较大，并购过程中面临着政治、经济、法律、文化和技术等诸多影响并购的不确定性因素，而并购的成功需要对这些风险因素进行有效的控制。时至今日，我国资源型企业在国内及国外的并购案例越来越多，其中不乏成功者，但同时也有失败者。总结我国资源型企业在并购过程中的成功经验和失败教训，结合相关理论对在并购过程中可能出现的各种风险进行分析，并对其进行科学的识别和评价，构建我国资源型企业并购风险防范体系，让后来者走得更加平稳及长远具有重大意义。

## 8.1　矿产资源并购项目成功案例

### 8.1.1　A公司并购B公司

（1）案例主体简介

①A公司

A公司是我国大型国有企业集团。业务经营范围十分广泛，以金属、矿产品的资源勘查、开发、加工和销售全产业链业务为主,主营业务为铜金属、铝金属、钨金属、铅锌稀贵金属、锡镍金属、稀土类、锑金属和期货等,兼营房地产、物流、金融和城市交通基础设施建设等业务板块。目前该公司的矿产资源涉及多个国家和地区,包括北美、波兰、秘鲁、智利等,在国际市场上颇具影响。

②B 公司

本次并购的目标企业 B 公司,由两家矿业企业合并而成。在澳大利亚证券交易所(ASX)公开上市,拥有大洋洲、亚洲、北美洲等多个地区国家的矿产资源勘探项目,该公司的铅锌矿储量丰富。在国际上拥有极高的地位,拥有丰富的矿产资源和成熟的金属冶炼技术以及完善的销售网络,在金属勘探、采集、冶炼、流通等方面拥有很强的运作优势。

(2)收购背景及动因

进入 21 世纪以来,随着经济全球化程度日益加深以及中国经济的迅速发展,中国企业越来越多地参与到国际竞争中去,逐步确立自己的全球化战略。通过收购,进一步巩固和拓展海外有色金属市场,满足中国有色金属资源消费持续增长的需要,大幅提高了我国铅、锌精矿的保障程度,缓解了我国有色金属的供需矛盾。

①满足我国有色金属资源消费持续增长的需要

A 公司作为我国国有企业,以保障国家经济发展和矿产安全为己任,保持有色金属产量持续稳定的增长。国家矿产战略的一个重要方面是"走出去",从海外获得资源的同时,有色金属勘探开发向高技术、精细化管理发展已成为必然趋势,这种方式可以有效增加我国锌、铜、铅等主要有色金属矿产资源的储备,大幅提高我国铅、锌精矿的保障程度,有效缓解我国有色金属的供需矛盾。

②应对国内国际市场环境的变化

金融危机之后,国际上矿产资源型企业收购风起云涌,中铝收购力拓英国上市公司 12%的股份,国际有色金属价格经过金融危机大幅下跌,此时正是"抄底"的机会。

③实现 A 公司拓展国际市场的战略目标

通过收购,有效优化 A 公司矿产资源结构和分布格局,进一步巩固和拓展海外有色金属市场,实现公司发展战略目标,并且有利于 A 公司实现成为提供全球化优质服务的金属矿产企业集团的发展战略。

④B 公司经营出现问题

受 2008 年的金融危机影响，国际矿产品价格大幅下跌，加上澳元贬值，B 公司出现重大财务危机，市值大幅缩水，股票被迫停牌，价值减幅高达 85.8%。面对不景气的市场以及巨额债务，资产出售已经成为公司的唯一选择。

（3）并购过程

表 8-1　A 公司并购 B 公司过程

| 时　间 | 事　件 |
| --- | --- |
| 2008 年 12 月 | B 公司在金融危机影响下，一方面提出停牌申请，另一方面发布了解决财务危机的方案。 |
| 2009 年 2 月 | A 公司发布公告称，已向澳大利亚外国投资审查委员会（FIRB）提交收购 B 公司的申请，拟收购其 100% 股份，并承担其原有的债务。 |
| 2009 年 3 月 | 澳大利亚财政部以妨碍国防安全为由，否决了 A 公司全面并购 B 公司的方案。 |
| 2009 年 3 月 | A 公司放弃全资并购 B 公司的方案并修改并购协议，调整收购价格。 |
| 2009 年 4 月 | 澳大利亚政府批准了新并购方案，将 B 公司旗下的部分矿山及其他拥有勘探开发权的资产出售给 A 公司。 |
| 2009 年 6 月 | 在 B 公司的股东大会上，股东高票通过了 A 公司收购 B 公司的铅、锌、镍等矿产资源的方案。 |
| 2009 年 6 月 | A 公司全资拥有的子公司在澳大利亚宣告成立，这标志着 A 公司并购 B 公司部分资产的交割最终完成。 |

（4）案例分析

在 A 公司并购 B 公司的过程中，为了减少并购风险，A 公司组建了精干的团队进行尽职调查工作，对该项目的技术、环境、经济方面等进行深入客观的评价，及时收集和处理关键信息，提出并购方案，在并购过程中根据风险因素迅速调整并购方案，使得本次并购最终能够顺利完成。

①风险因素分析

a. 政治风险：20 世纪 80 年代中期以来，澳大利亚政府渐渐放宽了对外国资本的管制，给予境外资本相对宽松自由的投资环境。而且多年来，中国与澳大利亚的外交关系一直都处于良好状态，也签订了一些促成两国更广泛经贸合作的协定。在并购过程中，当澳大利亚政府以妨碍国家安全为由拒绝了 A 公司的并购方案时，A 公司积极与澳政府沟通，迅速调整方案，新方案最终获得了澳政府的批准。

b. 法律风险：澳大利亚的法律制度相对完善，无论是投资经营、民事纠纷，还是财产保护、劳工权益都有相对完善和具体的法律法规，这可以保证我国国有企业在澳大利亚遇到纠纷时有法可依。

c.文化风险：A 公司非常重视企业内的文化整合工作，A 公司积极采用多种方式让员工之间的亲密度提升，外派的中国员工也尝试理解和接受西方的文化与沟通方式，不断提高英文沟通水平，尽量使沟通更加顺畅与高效。而且澳大利亚是土著居民和多种文化背景的移民相互融合发展而来的国家，在文化上具有开放性和包容性，A 公司并购了 B 公司不至于遭到当地居民的排斥和反抗。

d.地质勘查风险和开采技术风险：A 公司早在金融危机之前就与 B 公司的前身公司有过 3 年多的合作，在合作期间 A 公司做过深度的企业尽调，对于 B 公司旗下的多个矿产资源进行了解和实地考察，从矿产资源本身的优劣品质、矿产周边的开采环境、矿产的开采程度等多个方面进行了评价和分析。

②并购结果分析

据资料显示，2010 年通过资源战略的实施，A 公司的铜、铅锌、钨等有色金属资源量成倍增长。截至 2010 年，其并购后成立的子公司生产了大量的有色金属和贵金属，包括锌精矿、铜精矿、电解铜、铅精矿、黄金等。

## 8.1.2　C 公司并购 D 公司

（1）案例主体简介

①C 公司

C 公司是我国某省国有大型企业，以黄金开采为主，目前该企业开展多元化经营管理模式，不断对外扩张。还拥有高密度的黄金基地、闻名国内外的矿山群和资源储备。目前 C 公司拥有丰富的资源储备、领先的黄金生产技术，还有丰富的人才优势。

②D 公司

D 公司拥有我国某省铅锌矿详查探矿权 2 个，经某会计师事务所进行探矿权价值评估，评估价值近亿元。

（2）收购背景及动因

①并购可以让企业迅速积聚能量，实现对外扩张。C 公司始终坚持资源发展的战略目标，采取战略并购的方式，实现获取优质资源、增加资源储备的目标。C 公司把该省作为东北部资源开发基地，以基地为中心，不断拓展资源开发目标和领域，采用地质找矿的方式，不断扩大与企业合作和风险探矿的力度。完成这一

并购后，C 公司充分发挥公司资源优势，比如集团化资本运作方案，丰富的资金后盾，以及先进的技术支撑等优势，努力在国内获取更多、更优质的资源和矿权。

② 并购可以突破行业壁垒和规模的限制，迅速实现发展。C 公司以开发黄金矿为主，有色金属矿为辅。以股权的形式收购该矿权，可以降低企业进入该行业的壁垒，降低了进入铅锌矿的成本和风险，实现公司的快速扩张。

（3）并购过程

**表 8-2　C 公司并购 D 公司过程**

| 时　　间 | 事　　件 |
|---|---|
| 2011 年底 | C 公司开始对 D 公司名下的两个探矿权 1 号铅锌矿详查、2 号铅锌矿详查进行地质考察，并于 2012 年 6 月、11 月两次对 D 公司进行了尽职调查。 |
| 2012 年 12 月 | C 公司委托某会计师事务所完成了对 D 公司上述两个探矿权及其他资产的评估。 |
| 2012 年 12 月 | C 公司与该省某地勘公司签订完成股权转让协议，就拟收购 D 公司 75% 股权事宜达成一致，即资源公司受让目标公司——D 公司 75% 股权，同时按照 D 公司净资产评估价格的 75% 确定股权转让总价款，并将转让款分期支付给地勘公司。 |
| 2013 年 1—2 月 | C 公司按照协议支付了第一期股权转让价款。 |
| 2013 年 3 月 | 双方围绕 D 公司资产、负债、账务等事宜进行交接，完成了工商股权变更手续，地勘公司将其持有的 75% 股权转让给 C 公司。转让完成后的股权比例为：C 公司持有 D 公司 75% 股权，某地勘公司持有 D 公司 25% 股权，C 公司绝对控股 D 公司 |
| 2013 年 6 月 | C 公司分两次将股权转让尾款支付给地勘公司。 |

（4）案例分析

C 公司在并购 D 公司的过程中进行了全面深入的尽职调查工作，对 D 公司的地质资源、经济性、财务、法律等方面进行全面的调查评价，及时发现潜在的风险，并规避风险，顺利完成此次并购。

①风险因素分析

a.地质勘查风险和开采技术风险：C 公司对 D 公司拥有的两个矿权多次进行了尽职调查工作，做了风险勘探，了解到矿山的品位不是很高，矿体分布很不均匀，加之内外环境的不断变化，公司面临资源勘探方面的风险。但是通过资源评价工作，认为该风险在可承受范围之内。

　　b.财务风险：本次并购交易对价的资金来源于 C 公司内部，即采用了内部融资的方式进行融资。C 公司通过其二级子公司进行融资，融资成本相对较低，同时不会分散股东的控制权，手续不烦琐，操作比较方便。但是 C 公司因债务融资，出现较高的资产负债率，企业应该合理把握负债尺度，避免财务经营风险。C 公司结合自身的特点，选择了控股方式进行矿业权收购活动，参股比例为 75%，实现了对 D 公司的绝对控制。并购后，C 公司和某地质勘查公司共同参股 D 公司，进行风险探矿，降低了资源开发成本。

　　c.人力资源风险：并购后，D 公司原来员工继续在并购后的单位工作，员工不会产生压力感、紧迫感和焦虑感，进而防止工作人员大量流失。C 公司派工作人员接手 D 公司的工作，按新组织框架定机构、定岗位、定编制，根据员工的实际能力、经验、水平和个人发展目标定人员，做到适才录用。人才的合理利用对企业的发展至关重要，尤其是 D 公司原来的人才。C 公司想了各种方法，同时采取了一些有效措施留住他们，给他们优厚的待遇，将企业文化融入并购公司，赋予这些人才企业使命感和归属感，对稳定企业发展非常有必要。

　　d.文化风险：C 公司调整了企业的组织结构，构建了适合本企业的管理体系，提升了整合后的经营业绩。并购整合后，D 公司充满了生机，公司股东和员工对企业的信心大增，强烈的使命感和责任感提高了他们工作的积极性。通过组织和制度整合，各部室、各职能部门的权、责、利界限更加分明，管理层次、管理幅度更加合理化和人性化。

　　(2)并购结果分析

　　C 公司在并购 D 公司之前，先了解了 D 公司所从事的业务、资源状况、财务、法律状况，为收购后能够很好地与集团公司的战略相融合做了铺垫。通过这次成功收购，增强了 C 公司的企业实力，提高了 C 公司矿权的运作效率，进一步增强了竞争实力。实践证明，这次并购是成功的，符合 C 公司的战略，也符合获取资源、建立更多勘探基地的目标，使 C 公司成为国内优秀的地勘类企业，实现了企业间的协作、资源之间的共享和竞争优势的互补，增强了企业的竞争能力。

## 8.1.3　E 公司并购 F 公司

　　(1)案例主体简介

　　①E 公司

　　E 公司是我国国资委直属的大型国有企业，2001 年在美国纽约证券交易所和香港联合交易所上市，经过多年来的发展形成五大业务板块，包括油气勘探开发、工程技术与服务、炼化与销售、天然气及发电和金融服务。截至并购前公司财务状况良好，具备可持续发展能力。E公司历年来积极参与跨国并购活动，以实现国家化经营目标。

②F公司

F公司是一家加拿大的石油公司，分别在纽约和多伦多上市。是一家以非常规能源为主的石油公司，兼具常规能源与非常规能源开采业务，其核心业务分为两类，一是常规油气勘探与开采，二是位于加拿大西部的油砂、页岩气的开发生产。从资源储备来看，它具有巨大的潜力。从财务可持续性上来看，F公司在并购前遭遇了一些问题困扰，2008年以来，受美国金融危机影响，油价波动巨大使得作为非常规油气公司的F公司深受影响，加之F公司在经营过程中的几次决策失败，使F公司的非常规油气开采作业成本居高不下，这些不利因素使得企业盈利能力整体逐年下降，陷入财务困境当中。

(2)并购背景及动因

①国家战略需要

石油是工业发展的"血液"，随着中国经济发展，人民生活水平不断提高，中国经济对石油的需求水涨船高，石油是国家经济发展的重要战略性资源。E公司在国家支持的后盾下积极进行海外并购来缓解中国石油资源的进口压力，稳定中国资源战略安全，以实现可持续发展。

②资源储备不足，寻求海外市场，同时肩负国企"走出去"使命

E公司是国资委直属的国有企业，肩负着特殊的保障国家资源供应稳定、安全的重大任务。但E公司预计的资源储备仅有9年的开采寿命，需要通过海外并购提升资源储备。

③F公司经营出现问题，积极寻求并购企业，创造了并购条件

2007年国际油价达到巅峰，之后受美国金融危机影响，开始大幅下跌，在2009年里达到油价最低点，F公司也在这一年营业收入和利润大幅下跌，之后油价波动明显，虽整体有所回升，但F公司财务状况并没有得到改善，营业收入虽然逐步提升但利润却逐年下降，2012年更是到达最低点，F公司的经营状况表现不尽人意，公司管理层对未来发展信心不足。

④获取部分先进技术，提高技术协同

F公司自有的油砂改质技术填补了E公司的技术空白，而E公司在深水区域

的开发经验，能有效用于开发 F 公司的深水油气和页岩气资产。

⑤提高国际市场竞争力和话语权，追逐世界顶级企业

E 公司在并购 F 公司后，可以提升国际市场份额，增强在石油行业中的竞争力，并且有希望提升其在石油定价方面中的话语权。

（3）并购过程

并购过程见表 8-3。

表 8-3　E 公司并购 F 公司过程

| 时　　间 | 事　　件 |
|---|---|
| 2012 年初 | E 公司对 F 公司发出收购要约 |
| 2012 年 7 月 | E 公司宣布将以现金方式分别收购 F 公司所有流通股中的普通股和优先股 |
| 2012 年 8 月 | E 公司向加方政府提出收购申请 |
| 2012 年 9 月 | F 公司召开股东大会，99% 的普通持股人和 87% 的优先股持股人同意此项收购协议，同时加拿大法院批准了该顶协议 |
| 2012 年 10 月 | 加大政府做出对 E 公司收购申请的延期决定，并在 11 月再次做出延期的决定 |
| 2012 年 12 月 | E 公司宣布收购 F 公司的申请已被加拿大工业部长批准 |
| 2013 年 1 月 | 国家发改委披露，已于 2012 年 12 月批准了 E 公司整体收购 F 公司的决定 |
| 2013 年 2 月 | E 公司宣布完成对 F 公司的收购交易 |

（4）案例分析

E 公司在并购 F 公司前从三方面对 F 公司开展了较为充分的项目评价工作。一是对 F 公司的资源情况进行尽职调查，F 公司拥有较为丰富的(非)常规油气尤其是油砂资产，加上 E 公司空白的油砂改造技术，这些坚定了 E 公司的并购决心；二是对 F 公司经济性问题进行了数据调研和分析评价；三是对 F 公司其他风险因素进行评价。E 公司认为 F 公司存在的问题及风险处于可以接受的范围内。

①此次并购中的风险因素分析

a. 政治风险：由于 F 公司油气资源多分布在发达国家，政权稳定，因此政治环境波动的风险极小，主要风险来自政治审查和干预，一是受到多国政府的严格审查，由于 F 公司的资产分布涉及多个国家地区，E 公司将面临加拿大、美国、墨西哥、英国等多国的政府审查；二是加方政府对中国企业的认可度低，长期以来，

西方国家对中国企业在对外贸易和投资中的市场经济合法性一直存在争议和偏见，认为中国企业会扰乱正常的市场秩序，保守派认为在意识形态上共产党与西方资本主义是对立的，E 公司也会因国有企业的背景导致并购受阻碍。E 公司在并购前的准备过程中，多次对加拿大政府和相关媒体开展公关游说，多次与 F 公司的高层会面表达善意并充分沟通，站在对方角度分析并购会给 F 公司带来的利益，在谈判中为表现诚意做出愿意保留 F 公司原有员工的承诺，这些沟通也成功促使了 F 公司高层亲自出面对加方政府相关部门进行游说。另外，E 公司通过在加拿大设立的子公司进行并购，弱化了国企背景，一定程度上减弱了国企身份受到的阻碍，事后证明这一策略也是有效的。

b. 文化风险：主要是由文化差异造成的文化冲突和文化融合风险。具体体现在两个方面。一是并购前由于当地人民的抵触导致并购无法实现的风险；二是并购后在管理员工上由于不同的文化差异导致员工消极怠工效率低下的风险。E 公司采用包容并蓄的多文化发展策略应对东西方文化差异带来的文化冲突风险，充分尊重加方员工，避免文化冲突风险。

c. 市场风险：本案例中经济环境风险主要来源于两个层面，一是石油和天然气的价格不确定；二是国际市场汇率波动直接带来企业货币上的损失的可能性。

d. 法律风险：由于 F 公司资产所在国更多处于发达国家，政策相对稳定，因此主要风险在于 E 公司面临可能违规的法律风险，主要体现在经营活动中的意外事件或不熟悉东道国法律制度而带来的风险，并购合约规定了 E 公司在并购后将继承 F 公司所有的现有责任与义务。E 公司聘请了熟悉目标国家法律环境的专业法律团队，在并购合约谈判中 E 公司为降低交易风险，建立了保护机制，在文件中明确要求并购交割的前提是 F 公司对资产状况作出陈述和保证。

e. 财务风险：主要包括定价风险、融资风险和支付风险。E 公司并购 F 公司选择的时机在金融危机发生后，市场上没有其他有并购 F 公司意向的竞争者，定价风险不考虑竞争者因素，主要受 E 公司管理层的估值判断和谈判影响。从 E 公司的融资方案中可以看到，此次并购中 60% 的资金是通过集团内部融资获得的，其余 40% 通过短期贷款方式获取，E 公司的融资方案结合了自身并购前较好的财务状况、资金储备、融资能力，在完成并购交易之后，在国际市场上发行了 40 亿美元的全球债券，优化了资本结构，通过合理设计融资支付的结构，确保了企业股权的稳定性、降低了融资成本和现金流层面的风险。

② 并购结果分析

E 公司成功收购 F 公司后,其年产量增长五分之一,已探明和概略储量将增加三分之一以上。以现有产量水平计算,E 公司的资源储备寿命将由此延长 18 年以上。从财务角度来看 E 公司在并购后的 2013 年全年营业额同比增长 15.4%。

## 8.2　矿产资源并购项目失败案例

并购过程中风险危机给矿业企业带来影响的同时也带来了机遇。越来越多的并购项目表明,总结成功或失败的经验,建立规避风险体系,是完善矿产资源并购评价体系构架、为后续并购项目顺利实施提供有效参考的保障。

### 8.2.1　G 公司并购 H 公司

(1)案例主体简介

①G 公司

G 公司是我国国资委直属的大型国有企业,在美国纽约证券交易所和香港联合交易所上市,经过多年来的发展形成五大业务板块,包括油气勘探开发、工程技术与服务、炼化与销售、天然气及发电和金融服务。

②H 公司

H 公司成立于 1890 年,是世界上最大的独立能源勘探和生产公司,其石油和天然气主要的勘探地和生产地在亚洲(泰国、缅甸、印尼、阿塞拜疆、孟加拉国和越南)和北美(美国、墨西哥湾和加拿大)以及荷兰和刚果。H 公司已探明石油及天然气储量约 70% 都位于亚洲及里海地区。

③并购背景及动因

a. G 公司的战略目标:国际化

成为有国际竞争力的跨国企业一直是 G 公司的经营愿景,而且国际上超过 50% 的石油公司都是跨国公司,要想在国际石油领域分得一杯羹,G 公司一定要走出国门。

b. 优化资源结构,平衡油气资源的比例

2004 年从油气储量比重来看,G 公司的油气比重为 65:35;H 公司的油气比重为 38:62,如果并购成功,预计合并后 G 公司油气比重为 53:47。并购后的资源结构更加合理,可以有效降低由于市场价格的波动所带来的经营风险。同时,从战略地理上讲，G公司收购时也考虑到了其在东南亚地区的短板，而H公司在东南亚地区拥有大量的石油和天然气资源。东南亚在地理上的距离较拉美、中东要近些，减少了运输成本，并且可以和G公司在印度尼西亚和澳大利亚的油气资源进行战略整合，发挥协同效应。

c.通过技术融合提高核心竞争力

G公司培育核心竞争力主要有两种途径，一是通过跨国并购吸收国外先进的技术，与自身拥有的技术相融合以形成核心竞争力；二是通过企业自身的钻研提升技术水平。G公司从成本角度考虑，通过并购活动获得先进技术的成本要比自身独立研发的成本低，且技术水平提升快，更有利于发挥协同效应，获得核心竞争力。

d.H公司经营出现问题

H公司从21世纪初开始，陆续大量抛售公司资产，公司市场价值大幅缩水，负债率较高，连年亏损的困境迫使H公司不得不向美国政府申请破产。因此，H公司选择在2005年国际油气价格偏高的时候出售其油气资产。

（3）并购过程

并购过程见表8-4。

表8-4　G公司并购H公司过程

| 时　间 | 事　件 |
|---|---|
| 2004年12月 | G公司和H公司高层会面，初步达成并购意向 |
| 2005年1月 | H公司等待合适的价格出售，G公司计划以全现金方式购买H公司股份 |
| 2005年3月 | G公司及H公司双方高管初步达成并购意向，也初步商定了收购价格，但因G公司内部意见不一致，导致收购计划被暂停 |
| 2005年4月4日 | I公司提出以现金和股票的方式并购H公司，由于没有竞争对手，I公司很快与H公司达成了约束性收购协议 |
| 2005年5月 | G公司高层再次决定收购H公司，并经过了董事会的同意 |
| 2005年6月 | 负责企业并购审计的联邦贸易委员会批准I公司的收购计划。同时，美国政府宣布重新慎重审核G公司并购一事，原因是出于美国国家安全考虑 |
| 2005年6月 | G公司向H公司发出要约，以全现金方式竞购H公司 |
| 2005年7月 | I公司提高了收购价格，并且提高了收购价格中现金的比重 |
| 2005年8月 | G公司迫于美国的政治舆论压力，决定撤回收购H公司的报价 |

（4）案例分析

G 公司并购 H 公司最终以失败告终，主要是在项目评价过程中对风险研判不足，尤其是政治风险，是导致 G 公司并购失败的主要原因。

首先是中美两国的文化差异。中美两国文化上的差异从商务谈判开始就一直起着关键作用。在 G 公司并购 H 公司的过程中，G 公司有针对性地对有关美国国家安全等敏感问题采取了一些措施，认为并购后 H 公司开采出的石油将会继续在美国国内销售。但是美国国会议员也提出这样的担心：一个由共产党执政的国家控制的大型企业，要收购美国具有先进勘探技术的石油天然气公司，这很难不让人担心美国的国家安全。

其次是东道国的政策制约。直接导致并购失败的是美国参众两院新通过的能源法案条款。

最后是 G 公司的国企身份。G 公司是中国国有企业，国有股份占 70% 以上。并且收购的资金有 60% 来自中国工商银行的贷款，而中国工商银行也是国有股份控股的大型商业银行。并购对手 I 公司曾公开表示担心他们的竞争对手不是一家企业，面对的不是一项单纯的业务，而是一个国家，是一个可能侵犯本国国家安全的国家。这种说法在美国国内得到了广泛的认同。

## 8.2.2　I 公司并购 J 公司

（1）案例主体简介

①I 公司

I 公司成立于 2001 年，是集铝土矿、煤炭等资源勘探开采，氧化铝、原铝和铝合金产品生产、销售、技术研发，国际贸易，物流产业，火力发电、新能源发电于一体的大型生产经营企业。此案例中，I 公司欲扩展包括煤炭在内的资源业务范围，实现资源业务全面整合的战略思想。

②J 公司

J 公司是在香港证券交易所上市的一家综合煤炭开采、开发和勘探公司。J 公司拥有某国多个煤田的焦煤资源。

（2）并购过程

并购过程见表 8-5。

**表 8-5　I 公司收购 J 公司过程**

| 时　间 | 事　件 |
|---|---|
| 2012 年 3 月 | I 公司与 J 公司签署合作协议，承诺在其成为 J 公司股东后，为 J 公司提供特定支持服务，其中包括包销安排、为 J 公司提供电力支持等 |
| 2012 年 4 月 | I 公司与 J 公司签署锁定协议，协议规定 I 公司在不晚于 2012 年 7 月正式开始要约收购 J 公司 56%~60% 的已发行及流通在外的普通股票 |
| 2012 年 4 月 | I 公司发布公告，公司已知悉某国或通过外资限制法案，若满足锁定协议的条款，将在 2012 年 7 月或之前发出收购要约，并在 8 月完成所有股票的收购 |
| 2012 年 5 月 | 某国政府通过一项外商投资法案，该法案有多项条款规定将国内多个经济领域的外资持股比例限制在 49% 以内。I 公司收购 J 公司的项目受到影响 |
| 2012 年 6 月 | I 公司了解到 J 公司的储煤量存在巨大虚假成分，陷入"储量骗局"事件 |
| 2012 年 7 月 | I 公司发布公告，将延期三十天发出收购要约 |
| 2012 年 8 月 | I 公司再次发布延期收购要约的公告，最终将要约时间定于 2012 年 9 月 |
| 2012 年 9 月 | I 公司正式发布公告，称与 J 公司签订的锁定协议和计划要约彻底终止，原因是难获得某国相关的监管批准 |

（3）案例分析

I 公司并购 J 公司失败的原因主要有以下两点。

①缺乏对政治风险的重视

在此案中，J 公司所在国通过的外商投资法案就对 I 公司收购 J 公司造成了巨大的影响，随后不断延期要约时间，也是因为政府不予批准该项投资计划。虽然早在 2010 年，I 公司就开始酝酿收购 J 公司，但 I 公司没有重视政治风险带来的后果，最后导致要约时间不断延期，收购失败。

②资源风险工作不到位

I 公司欲收购 J 公司的目的是扩展煤炭资源的储量，达到资源业务全面整合的战略目标。I 公司与 J 公司签订收购要约协议之前，I 公司认为 J 公司旗下的煤矿资源储存量巨大，有较大的经济利益。但随后 I 公司了解到 J 公司实际的储煤量与勘查量存在巨大差距，资源储量报告可能造假。在这个事件中，如果 I 公司做好尽职调查工作，对资源储量进行核实，就不会被卷入"储量骗局"风云中。所以在进行境外矿产资源的投资时，对标的矿产进行严格的尽职调查对投资结果起着非常重要的作用。

### 8.2.3　K 公司并购 L 公司

（1）收购背景

L 公司是某国国有企业，但在国有化经营期间，买方撤销订购合同，企业生产急剧衰退，大量矿石积压，造成铁矿产量下降。L 公司亏损严重，企业背负沉重的债务，设备与机械缺乏更新，如不全面重组，则无以生存和发展。国家为此颁发了法令，宣告采矿业处于紧急关头，并授权使用必要的经济手段走出财务困境。

（2）并购过程

并购过程见表 8-6。

**表 8-6　K 公司收购 L 公司过程**

| 时　间 | 事　件 |
|---|---|
| 1992 年 2 月 | 某咨询公司被聘请作为出售程序的财务顾问 |
| 1992 年 9 月 | K 公司要求咨询公司把其纳入参加资格预审的公司名单 |
| 1992 年 9 月 | K 公司送交了资格预审程序所需要的资料 |
| 1992 年 10 月 | 根据咨询公司的建议，K 公司作为资格预审公司，被正式接受 |
| 1992 年 10 月 | K 公司因超高报价而中标 |
| 1992 年 12 月 | K 公司与 L 公司所在国政府正式签署了股权买卖合同 |

（3）案例分析

1992 年 12 月，K 公司与 L 公司所在国政府正式签署了股权买卖合同。在 K 公司接收 L 公司后的第一年实现了千万美元的利润，但此后两年利润迅速下降。而且由于长时间遭受罢工困扰，铁矿生产经营处于半瘫痪状态，以致 K 公司出售了 L 公司的少量股权。主要原因在于 K 公司并购前的尽职调查重点集中在矿产资源方面，尽职调查不全面，财务调查失败导致估价过高，给企业带来财务问题，文化调查的失败导致经营管理困难，罢工频现。

①财务调查不全面

K 公司以现汇一次性支付的方式获得 L 公司 98.4% 股份，包括全部资源的永久勘探、开采、经营权，其余 1.6% 的股权，由 L 公司员工持有。由于前期调研不足，K公司对该国政府的意愿并不清楚，对参与投标的其他几个竞争对手也不了解，在投标中一下子就开出了超高价，在以后很多年中，K公司长期存在贷款规模过大、偿付能力偏低、每年支付银行的财务费用过高等问题。尽管K公司大部分年份都有赢余，但扣除需付银行债务的本息后，始终难以摆脱亏损困境。为此，K公司采取了许多办法清还债务。

②文化法律调查不全面

从进入L公司开始，K公司就被各种名目的罢工示威所困扰，频繁的劳资纠纷曾一度令L公司处于半死不活的状态。每年三四月份，公司都要集中精力应对矿业工会的强势。每次费尽心力解决完问题后，又面临下一波威胁。而每次罢工的目的几乎都是涨工资、加福利。据不完全统计，矿工罢工给L公司带来的日平均损失为100万~200万元。仅2004年的罢工事件，给L公司造成直接经济损失就达500多万美元。K公司收购该公司时，并未充分考虑该企业的历史问题及文化风险，使企业陷入困境。

## 8.2.4　M公司并购N公司

（1）主体简介

①M公司

M公司于1988年7月在香港成立，从事有色金属、矿石及半成品贸易，并于1994年12月在联交所主板上市。M公司在大洋洲、亚洲、美洲及非洲的拥有多个开发及勘探项目

②N公司

N公司是一家先后在加拿大多伦多证券交易所和澳大利亚交易所上市的矿业公司。主要经营铜矿，同时还在非洲，西澳大利亚、秘鲁和瑞典等地积极开展基本金属的勘探工作。

N公司拥有的矿山铜矿探明储量为3.21亿吨，是非洲最大的铜矿之一。该矿由N公司开发，2005年开始建设，2008年完成建设并开始投产。该铜矿设计服务年限长达37年，开采和处理矿石量为2000万吨/年，实现产出铜金属量12.2万吨/年。除该矿山外，N矿业公司还拥有多个矿区的勘探许可权利。此外，N公司在瑞典、西澳大利亚等地同样进行勘探开发工作。

（2）并购过程

并购过程见表8-7。

表 8-7　M 公司并购 N 公司过程

| 时　间 | 事　件 |
|---|---|
| 2011 年 4 月 | M 公司对 N 公司发出收购要约 |
| 2011 年 4 月 | O 公司提出以更高价并购 N 公司的要约,此价格高出 M 公司所出价格的 16%,N 公司许多股东表示愿意接受收购要约 |
| 2011 年 4 月 | M 公司撤回收购 N 公司的决定,且不再出价 |
| 2011 年 6 月 | O 公司完成对 N 公司的收购 |

（3）案例分析

2011 年 4 月,M 公司向跨国铜矿公司 N 公司发出收购要约,拟收购 N 公司全部股份,但由于 N 公司股东不满收购报价而遭拒。最终,O 公司以高于 M 公司的报价完成对 N 公司的收购,M 公司被迫撤回其并购要约。导致本次并购失败的主要原因是在项目评价过程中的财务因素研判不足。

M 公司是一家国际化的矿业公司,也是我国直属的资源类大型国企。2008 年开始的金融海啸是一场百年未遇的金融危机,它席卷了整个世界,没有几个国家躲过此劫难。而 N 公司也在此次金融危机中深陷财务困境,给 M 公司并购提供了良好契机。在此次海外并购案中 M 公司向 N 公司发出要约价格,但 N 公司董事会及股东认为铜价格未来走势良好,M 公司给出的报价明显低估了 N 公司的真实价值。而 M 公司认为该报价是其针对一系列调查后给出的较为优厚的价格,提价的可能性不大。M 公司又以现金支付方式为主,收购 N 公司时财务压力大,面临着巨大的支付和融资风险。因此在与竞争对手竞价时抬价已不太可能,高额的债务不仅使 M 公司竞争力减弱,而且会引起被并购方对并购前景的质疑。在本案例中 M 公司在并购时对目标企业未进行合理的经济型评价,最终导致了本次并购失败。

## 8.3　本章小结

随着世界经济的调整发展,资源性产品等基础原材料供需矛盾日益尖锐,许多矿业公司的资源储备已从过去主要依靠增加投资进行资源的勘查、开发、储存等储备模式,转化为通过资本市场收购、重组等方式来扩大生产的储备模式,而且西方许多跨国公司凭借自身的雄厚实力,通过并购加强对全球重要矿产资源的控制，其对市场的控制力和影响力进一步增强。矿业并购是矿业发展的方向，这是总的趋势，或者说是最终战略。通过并购，可以增强企业实力，优化资源利用，扩大经营规模，使优势资源集中，有利于在较短时间内形成具有国际竞争力的矿业巨头。但是矿企应根据自身特点进行专业化并购，发展成熟以后再涉及多矿种进行多元化发展，先省内、国内，站稳脚跟以后再实施"走出去"战略，放眼国际。

# 参考文献

［1］王广成，闫旭骞.《矿产资源管理理论与方法》［M］.北京：经济科学出版社，2002.

［2］张福良.《我国矿产资源开发整合要素和绩效研究》［D］.北京：中国地质大学，2010.

［3］张东明.《中国企业海外矿产资源并购模式及风险分析》［D］.长沙：湖南大学，2017.

［4］黄中文，刘向东，李建良.《外资在华并购研究》［M］.北京：中国金融出版社，2010.

［5］朱玉柱.《矿业企业并购模式经济分析》［D］.北京：中国地质大学，2017.

［6］刘璞.《白云鄂博氧化毓项目对比分析与不同风险情景下的投资决策研究》［D］.内蒙古：
内蒙古科技大学，2017.

［7］叶云.公路工程项目管理标准化研究［D］.广州：华南理工大学，2015.

［8］许树柏，实用决策方法—层次分析法原理［M］.天津：天津大学出版社，1988.

［9］王宝.陕西省公路建设企业安全生产标准化体系构建［D］.西安：长安大学，2017.

［10］原玉廷.复合价值论：物品效用 与劳动耗费的辩证统一［J］.经济问题.2010（1）：9-13.

［11］李文芳，孔锐，王仁财.我国重要矿产资源评价指标体系研究［J］.中国国土资源经济.
2008（7）：26-28.

［12］李赫为.我国矿业企业海外并购动因及绩效研究—以洛阳钼业为例［D］.成都：西南财经
大学，2019：11-13.

［13］邵丽娜.矿业权评估标准体系构建及简易收益法研究［D］.北京：中国地质大学，2014.

［14］李宝祥.金属矿床露天开采［M］.北京：冶金工业出版社，1992.

［15］张旭康，王兄威，李朝军，等.基于FLAC3D的矩形深基坑稳定性三维数值分析研究［J］.
中国科技信息，2015，20（21）：91-92.

[16] 张海波, 刘芳芳. 基于实测的复杂采空区稳定性分析[J]. 西安科技大学学报, 2013, 33 (5): 517-521.

[17] 南世卿, 杨楠. 基于 CMS 实测的露天转地下开采采空区群稳定性分析[J]. 河北冶金, 2012, 20(8): 10-15, 75.

[18] 周科平, 雷涛. 复杂空区群条件下破裂残矿资源回收技术研究[J]. 有色金属科学与工程, 2012, 3(3): 1-5.

[19] 樊忠华, 许振华, 王进. 复杂采空区群精密探测及多软件耦合建模[J]. 金属矿山, 2014, 43(5): 138-141.

[20] 李群, 李占金, 李力. 空区三维激光探测技术及稳定性分析[J]. 金属矿山, 2014, 43(12): 181-184.

[21] 王敏, 陈晓艳, 柯波等. 基于软件数据耦合精细建模的采区稳定性分析研究[J]. 世界科技研究与发展, 2016, 38(4): 768-772.

[22] 李智, 潘冬. 采空区和露天边坡之间的相互影响分析[J]. 矿业研究与开发, 2014, 34(6): 37-40.

[23] 邓红卫, 黄伟, 胡普仑, 等. 基于指标满意度的多层矿体回采顺序数值模拟[J]. 科技导报, 2013, 31(10): 40-46.

[24] 杨天鸿, 张锋春, 于庆磊, 等. 露天矿高陡边坡稳定性研究现状及发展趋势[J]. 岩土力学, 2011, 32(5): 1437-1451, 1472.

[25] 李正涛, 谢振华, 夏雨, 等. 露天矿广义边坡体系失稳流变突变研究[J]. 中国安全科学学报, 2013, 23(8): 126-132.

[26] 韩爱民, 李建国, 傅国利, 等. 基于有限差分强度折减法的多级边坡破坏模式研究[J]. 工程地质学报(英文版), 2007, 15(6): 784-788.

[27] 杨永峰. 矿业投资资源尽职调查工作的思考与实践[J]. 世界有色金属. 2018, 12: 143-148.

[28] 赵国习. 企业并购中的尽职调查[J]. 企业管理. 2017(6): 40-41.

[29] 张云兵. 企业法律顾问如何开展好法律尽职调查[J]. 法制博览. 2019(9): 160-161.

[30] 栾政明. 矿业境外投资十大法务风险与防范[J]. 中国国土资源报. 2016(9): 1-2.

[31] 陈瑛, 林世荣, 等. 浅谈财务尽职调查的风险控制[J]. 中国总会计师. 2012(6): 68-69.

[32] 康颖. 关于企业并购中财务尽职调查的研究[J]. 财富生活. 2019(11): 159-160.

[33] 周士国. 关于投资并购中的财务尽职调查路径探索[J]. 中国总会计师. 2020(3): 68-69.

[34] 郭敏, 赵恒勤. 关于加快矿产资源综合利用标准化建设的思考[J]. 矿产保护与利用. 2012. 2(1): 1-3.

[35] 邵丽娜. 矿业权评估标准体系构建及简易收益法研究[D]. 北京: 中国地质大学, 2014.

[36] 王萌辉. 矿区土地复垦与生态修复综合标准化研究[D]. 北京: 中国地质大学. 2019.

［37］樊霞. WK 集团跨国并购风险管理研究［D］. 湘潭：湘潭大学，2015.

［38］王磊. 国有企业海外并购典型案例分析—战略管理会计视角［D］. 北京：首都经济贸易大学，2016.

［39］秦承锦. 矿业国有企业境外投资的风险控制研究［D］. 北京：中国财政科学研究院. 2017.

［40］杜晓博. 海外并购资源型企业的风险管理研究—以中海油并购尼克森为例［D］. 北京：北京交通大学，2019.

［41］谷峰. 中国石油企业跨国并购动因及影响因素研究——基于中国海洋石油总公司并购案例分析［D］. 成都：西南财经大学，2014.

［42］李铭哲. 中国石油企业跨国并购风险分析—以中石油并购优尼科为例［D］. 长春：吉林大学，2014.

［43］夏佐铎. 矿产资源资产评估理论和方法［M］. 武汉：中国地质大学出版社，2006.

［44］中国矿业权评估师协会编. 中国矿业权评估评估准则二［M］. 北京：中国大地出版社，2010.

［45］秦伟. 矿产资源公司战略并购矿业权研究——基于山东黄金集团收购内蒙古某矿权案例分析［D］. 济南：山东财经大学. 2016.

［46］黄友军. 我国企业跨国并购风险研究［D］. 南京：河海大学. 2006.

［47］贾宗达. 中国企业海外并购问题研究——以秘鲁铁矿兼并收购历程为主视角之借鉴与启迪 ［D］. 上海：复旦大学. 2011.

［48］李艳秀. 资源行业跨国并购整合研究——五矿收购 OZ 集团和首钢收购秘鲁铁矿的案例比较分析［D］. 沈阳：辽宁大学. 2014.

［49］王同禹. 资源型企业海外并购失败原因研究——基于四个并购失败案例［D］. 呼和浩特：内蒙古大学. 2015.

**图书在版编目(CIP)数据**

矿产资源并购项目评价理论与方法 / 马建青，李德贤
编著. —长沙：中南大学出版社，2021.6
ISBN 978-7-5487-2359-2

Ⅰ.①矿… Ⅱ.①马… ②李… Ⅲ.①矿产资源－企
业兼并－项目评价 Ⅳ.①F407.1

中国版本图书馆 CIP 数据核字(2021)第 099094 号

## 矿产资源并购项目评价理论与方法
KUANGCHAN ZIYUAN BINGGOU XIANGMU PINGJIA LILUN YU FANGFA

马建青　李德贤　编著

| | | |
|---|---|---|
| □责任编辑 | 刘小沛 | |
| □责任印制 | 易红卫 | |
| □出版发行 | 中南大学出版社 | |
| | 社址：长沙市麓山南路 | 邮编：410083 |
| | 发行科电话：0731-88876770 | 传真：0731-88710482 |
| □印　　装 | 长沙市宏发印刷有限公司 | |

| | | | |
|---|---|---|---|
| □开　　本 | 710 mm×1000 mm　1/16 | □印张 10.75 | □字数 216 千字 |
| □版　　次 | 2021 年 6 月第 1 版　□2021 年 6 月第 1 次印刷 | | |
| □书　　号 | ISBN 978-7-5487-2359-2 | | |
| □定　　价 | 46.00 元 | | |